水轮机沙水流动及磨损

刘小兵　曾永忠　华红 等　编著

中国水利水电出版社
www.waterpub.com.cn
·北京·

内 容 提 要

水电站是能源建设的重要组成部分,水轮机是水电站的核心设备。目前水轮机在多泥沙河流上运行时泥沙磨损的问题十分严重,泥沙磨损常导致水电站水轮机效率下降,过流部件损坏,检修频繁,难以维持正常运行,造成巨大的经济损失。因此,准确预测水轮机内部沙水流动,寻求有效减轻多泥沙河流水电站水轮机过流部件泥沙磨损的技术方法和措施,对泥沙磨损严重的已运行水电站水轮机的技术改造,以及新建水电站水轮机的抗磨设计都非常重要,具有重大的经济效益和社会效益。本书主要阐述水轮机内部沙水流动和泥沙磨损数值计算以及试验测试的基本理论和方法,分析水轮机泥沙磨损的机理,提出水电站抗磨设计方法和机组运行措施。

本书是在近年科研成果及工程实践的基础上总结提炼而成的,可作为能源与动力工程、流体机械及工程、水力发电工程、水利水电工程、流体力学等领域的技术人员和研究人员的参考用书,还可作为大学高年级及研究生的教学用书。

图书在版编目(CIP)数据

水轮机沙水流动及磨损 / 刘小兵等编著. -- 北京：
中国水利水电出版社，2020.12
ISBN 978-7-5170-9118-9

Ⅰ. ①水… Ⅱ. ①刘… Ⅲ. ①水轮机－泥沙磨损－研究 Ⅳ. ①TK730

中国版本图书馆CIP数据核字(2020)第228616号

书　　　名	水轮机沙水流动及磨损 SHUILUNJI SHA - SHUI LIUDONG JI MOSUN
作　　　者	刘小兵　曾永忠　华　红　等 编著
出 版 发 行	中国水利水电出版社 (北京市海淀区玉渊潭南路1号D座　100038) 网址：www. waterpub. com. cn E - mail：sales@waterpub. com. cn 电话：(010) 68367658 (营销中心)
经　　　售	北京科水图书销售中心 (零售) 电话：(010) 88383994、63202643、68545874 全国各地新华书店和相关出版物销售网点
排　　　版	中国水利水电出版社微机排版中心
印　　　刷	北京印匠彩色印刷有限公司
规　　　格	184mm×260mm　16开本　10.25印张　249千字
版　　　次	2020年12月第1版　2020年12月第1次印刷
印　　　数	001—800册
定　　　价	95.00元

水电站是能源建设的重要组成部分，水轮机是水电站的核心设备，在河流上运行的水轮机都存在着泥沙磨损的问题。尤其在我国含沙量高的河流上，水电站水轮机的泥沙磨损问题十分严重，诸如导叶出水边被磨薄、转轮叶片被磨穿掉块、底环脱落、主轴密封间隙增大、顶盖甚至被磨穿漏水等，使得水轮机水力效率大大下降，安全隐患增大，检修频繁，水电站的正常运行难以维持，给水电站造成巨大的经济损失。笔者认为多泥沙河流上运行水轮机的空蚀可预防甚至消除，但泥沙磨损却是很难避免的，可以根据不同电站的具体情况，有针对性地寻找一些相应的方法和措施来减轻水轮机的泥沙磨损。因此，本书针对水轮机泥沙磨损问题，阐述了水轮机内部沙水流动和泥沙磨损数值计算以及试验测试的基本理论和方法，分析了水轮机泥沙磨损的机理，系统地提出了水电站抗磨设计方法和机组运行措施。这些内容，对泥沙磨损严重的已运行水电站水轮机的技术改造，以及新建水电站水轮机的抗磨设计都有非常重要的指导作用，具有重大的经济效益和社会效益。

本书是在作者近年来研究成果的基础上提炼而成，很多成果已在一些电站采用，取得了良好的效果。本书共分6章，由西华大学刘小兵选定编著主题，搭建基本框架，拟定章节内容，完成统稿和内容审查等。西华大学曾永忠撰写第6章；西华大学华红撰写第4章4.5节和4.6节，第5章5.4节和5.5节；东方电气集团东方电机有限公司刘德民撰写第2章；西华大学余志顺撰写第3章；西华大学卢加兴撰写第4章4.1～4.4节；西华大学李正贵撰写第1章；西华大学邓万权撰写第5章5.1～5.3节。

本书得到了国家自然科学基金项目"水轮机转轮叶片表面、沙粒和空化相互作用的机理研究（51279172）"、国家电网映秀湾水力发电总厂、中电建水电开发集团有限公司、四川福堂水电有限公司、四川省动力工程及工程热物理"双一流"学科建设项目以及流体及动力机械教育部重点实验室、流体机械及工程四川省重点实验室和四川省水电能源动力装备技术工程研究中心的大力支持。

　　本书在撰写过程中，参考了国内外专家的研究成果，在此表示衷心感谢！同时对西华大学欧顺冰、姚兵、赵琴、庞嘉扬、彭源杰、王海涛等为书稿整理所做的一系列工作表示感谢！

　　由于作者水平有限，书中难免有疏漏和不妥之处，恳请读者批评指正。

作者

2020 年 9 月

第1章 绪 论

1.1 河流泥沙概况

1.1.1 河流输沙量

据统计，世界各大河流中年输沙量超过 1 亿 t 的有 14 条（不包括其支流），我国河流挟带沙量之多，在世界上名列前茅（见表 1.1-1）。我国的黄河以多年平均年输沙量 16.0 亿 t 和年平均含沙量 37.0kg/m³ 居于首位；其次是印度和孟加拉国的布拉马普特拉河，多年平均年输沙量为 7.35 亿 t，年平均含沙量为 1.2kg/m³；我国的长江多年平均年输沙量为 5.3 亿 t，居世界第三，年平均含沙量达到 1.21kg/m³，还略高于布拉马普特拉河。我国黄河近 10 年的多年平均年输沙量达到 1.39 亿 t，长江近 10 年的多年平均年输沙量达到 1.27 亿 t。

表 1.1-1　　　　　　　　　　世界著名大河挟沙情况

河流	国　别	多年平均年输沙量/亿 t	年平均含沙量/(kg/m³)
黄河	中国	16.0	37.0
布拉马普特拉河	印度、孟加拉国	7.35	1.2
长江	中国	5.3	1.21
恒河	印度、孟加拉国	4.8	0.76
印度河	巴基斯坦、印度	4.35	2.49
亚马孙河	秘鲁、厄瓜多尔、哥伦比亚、委内瑞拉、圭亚那、苏里南、玻利维亚、巴西	3.63	0.06
密西西比河	美国	3.12	0.56
伊洛瓦底河	缅甸	2.99	0.70
密苏里河	美国	2.18	3.54
湄公河	老挝、泰国、柬埔寨、越南	1.70	0.49
海河	中国	1.52	10.7
科罗拉多河	美国	1.35	27.5
红河	越南	1.30	1.06
尼罗河	埃及、苏丹	1.11	1.25
刚果河	扎伊尔	0.70	0.05
尼日尔河	尼日利亚	0.40	0.22

河流	国　　别	多年平均年输沙量/亿 t	年平均含沙量/(kg/m³)
多瑙河	德国、奥地利、斯洛伐克、匈牙利、克罗地亚、塞尔维亚、保加利亚、罗马尼亚、摩尔多瓦、乌克兰	0.28	0.14
伏尔加河	俄罗斯	0.25	0.11
顿河	俄罗斯	0.06	0.23
莱茵河	德国、荷兰、法国、瑞士	0.03	0.04

我国七大江河（长江、黄河、淮河、海河、珠江、辽河、松花江）流域面积约占全国国土总面积的 44.5%，输沙量约占全国输沙总量的 97.7%，长江和黄河的输沙量分别占总输沙量的 24.4% 和 64.8%。根据现有资料统计，全国年平均输沙量超过 1000 万 t 的河流有 115 条（包括一级、二级支流），其中黄河流域 54 条，长江流域 18 条，海河和辽河流域分别为 10 条和 8 条，其他河流为 25 条。

1. 黄河

黄河流域地势西高东低，西部为青藏高原，中部为内蒙古高原和黄土高原，东部为华北平原。流域位于温带干旱气候区，多年平均年降水量为 453mm，多年平均年径流量为 335.5 亿 m³，但近 30 年的年径流量已显著降低。黄河自西向东最终在山东垦利注入渤海。黄河流域降水季节分布不均，降水集中分布于夏季，冬春季径流量较小。黄河中游的黄土高原地表结构破碎、侵蚀严重，黄土堆积层厚，地表起伏频率大，是黄河泥沙的主要来源，使黄河成为我国历史上泥沙最多的河流，也是世界上罕见的多泥沙河流。黄河龙羊峡以上地处青藏高原，植被较好，暴雨少且强度小，河流含沙量较小，截至 2015 年青海省唐乃亥水文站多年平均年输沙量为 0.119 亿 t，近 10 年的多年平均年输沙量为 0.087 亿 t。贵德以下黄河进入黄土高原区，泥沙逐渐增多，其间有大厦河、洮河和湟水等汇入，到兰州站多年平均年输沙量已达 0.633 亿 t。兰州以下有祖历河汇入，到头道拐多年平均年输沙量增加到 1 亿 t。头道拐以下，黄河穿越山西、陕西峡谷，流经黄土沟壑地区，植被差，汛期暴雨集中，降雨强度大，水土流失极为严重，是黄河主要泥沙来源。从头道拐到龙门有多沙支流皇甫川、窟野河、三川河、无定河等汇入，使龙门站多年平均年输沙量剧增到 6.76 亿 t。龙门到潼关之间北洛河、泾河、渭河等河流的汇入，使得潼关站的多年平均年输沙量达到 9.78 亿 t。这之后还有伊河、洛河、沁河汇入，但来沙量只有 0.4 亿 t，由于泥沙沉积，输沙量有所减小，花园口站实测多年平均年输沙量有 8.36 亿 t。花园口以下，黄河进入华北平原，河道比降小，流速缓，河道明显淤积成地上河，至河口利津站多年平均年入海沙为 6.74 亿 t。黄河一些支流的多年平均年输沙量超过 1 亿 t，多年平均输沙模数高达 1 万 t/(km² · a) 以上，曾经最大达 3.45 万 t/(km² · a)。

2. 长江

长江流域位于温带湿润气候区，多年平均年降水量为 1049mm，多年平均年径流量为 8931 亿 m³。由江源至河口，整个地势西高东低，流域内的地貌类型众多，有山地、丘陵、盆地、高原和平原。鄱阳湖和洞庭湖是长江流域的两个淡水湖，也是中国最大的两个淡水湖。其中洞庭湖在长江中游调蓄洪水占有重要地位。长江流域降水量集中在夏季；雨季为4—10月，其降水量可占年降水量的85%。宜昌以上长江上游泥沙主要来自金沙江和嘉陵江，宜昌站多年平均年输沙量为4.03亿t。金沙江屏山站多年平均年输沙量为2.39亿t，占宜昌站的59.3%；嘉陵江北碚站多年平均年输沙量为0.967亿t，占宜昌站的23.99%。岷江高场站多年平均年输沙量为0.428亿t，乌江武隆站多年平均年输沙量为0.225亿t，岷江高场站、乌江武隆站多年平均年输沙量的总和仅占宜昌站的16.2%。宜昌以下先后有洞庭湖水系、鄱阳湖水系、汉江及其他支流汇入，其多年平均年输沙量之和约为2亿t。但由于长江进入平原，江面展宽，比降变缓，流速减小，泥沙逐渐沉积，大通站多年平均年输沙量为3.68亿t。

3. 辽河及海河

辽河流域泥沙主要来自西辽河，其上游发源于昭乌达高原，流经科尔沁沙地，植被差，侵蚀严重，主要支流老哈河兴隆坡站多年平均年输沙量为0.126亿t，多年平均输沙模数为660t/(km²·a)；西拉木伦河巴林桥站多年平均年输沙量为0.0434亿t，多年平均输沙模数为388t/(km²·a)。铁岭站多年平均年输沙量为0.107亿t。

海河也是我国多泥沙河流之一，其中永定河、滦河泥沙最大。永定河泥沙主要来源于部分黄土覆盖地区，官厅水库建库前官厅站多年平均年输沙量为0.82亿t。滦河泥沙主要来源于上游的坝上高原，滦县站多年平均年输沙量为0.22亿t。

4. 其他河流

我国南方大部分河流含沙量都较小，但径流量大，输沙量也较大，如珠江流域的西江梧州站，多年平均年输沙量达0.557亿t。元江、澜沧江是南方泥沙较多的河流，平均年输沙量分别为0.257亿t和1.62亿t。黑龙江流域泥沙很少，松花江佳木斯站多年平均含沙量仅为0.197kg/m³，多年平均年输沙量为0.125亿t。内陆河大部分泥沙量不多，只有塔里木河和叶尔羌河泥沙较多，塔里木河的多年平均年输沙量为0.215亿t，叶尔羌河的卡群站多年平均年输沙量为0.312亿t。

我国主要江河部分水文站含沙量和输沙量见表1.1-2。

表1.1-2　　　　　　我国主要江河部分水文站含沙量和输沙量

河流		长江		黄河		辽河	松花江
		干流	支流（嘉陵江）	干流	支流（渭河）		
水文站		大通	北碚	潼关	华县	铁岭	佳木斯
流域面积/万 km²		170.54	15.67	68.22	10.65	12.08	52.83
年径流量/亿 m³	多年平均	8931（1950—2015年）	655.2（1956—2015年）	335.5（1952—2015年）	67.4（1950—2015年）	29.21（1954—2015年）	634.0（1955—2015年）
	近10年平均	8879	643.9	235.8	49.49	25.18	567.4
	2016年	10450	410.7	165.0	28.16	24.12	541.2
	2017年	9378	622.9	197.7	47.91	16.18	475.5

续表

| 河流 | | 长江 | | 黄河 | | 辽河 | 松花江 |
		干流	支流 (嘉陵江)	干流	支流 (渭河)		
年输沙量/ 亿 t	多年平均	3.68 (1951— 2015 年)	0.967 (1956— 2015 年)	9.78 (1952— 2015 年)	3.03 (1950— 2015 年)	0.107 (1954— 2015 年)	0.125 (1955— 2015 年)
	近 10 年平均	1.27	0.259	1.39	0.532	0.0114	0.112
	2016 年	1.52	0.011	1.08	0.424	0.00932	0.100
	2017 年	1.04	0.056	1.30	0.429	0.00321	0.0645
平均含沙量/ (kg/m³)	多年	0.414 (1951— 2015 年)	1.48 (1956— 2015 年)	29.1 (1952— 2015 年)	44.9 (1950— 2015 年)	3.65 (1954— 2015 年)	0.197 (1955— 2015 年)
	2016 年	0.145	0.026	6.55	15.1	0.387	0.185
	2017 年	0.111	0.089	6.58	8.95	0.199	0.136
平均 输沙模数/ [t/(km²·a)]	多年	216 (1951— 2015 年)	617 (1956— 2015 年)	1430 (1952— 2015 年)	2840 (1950— 2015 年)	88.2 (1954— 2015 年)	23.6 (1955— 2015 年)
	2016 年	89.1	6.83	158	398	7.72	18.9
	2017 年	61.0	35.6	191	403	2.66	12.2

我国南方和西南地区的河流，推移质泥沙（包括卵石）问题比较突出，由于量测困难，目前对河流所挟带的推移质输沙量尚无系统的观测资料。表 1.1 - 3 为通过水槽试验或其他方法估算得出的部分河流推移质输沙量资料，可以看出我国山区性河流中的推移沙量是相当可观的，在水电站建设中需采取措施妥善处理，避免推移质泥沙进入水轮机。

表 1.1 - 3　　　　　　　我国部分河流的推移质输沙量资料

河流	地点	流域面积/ km²	河道比降/‰	多年平均流量/ (m³/s)	年平均悬移质 输沙量/万 t	年平均推移质 输沙量/万 t
岷江	映秀湾	18900	6	381	830	110
大渡河	龚嘴	76400	1.2	1570	3560	88
南桠河	南桠河	896	29.6	47.7	100	38
雅砻江	二滩	110750	1.53	1590	2350	67
长江	奉节	987711	0.2	13300	52400	30[①]
乌溪江	黄坛口	2484	1.1	90.6	41.2	20.7
汉水	丹江口	95217	0.33	1210	7266	720
松花江	丰满	42500	0.46	412.1	240	43.6

河流	地点	流域面积/km²	河道比降/‰	多年平均流量/(m³/s)	年平均悬移质输沙量/万 t	年平均推移质输沙量/万 t
上犹江	上犹江水库	2750	1	93.6	29.6	13
洣河	冶源水库	786	2.57	7.02	103.7	11.5
浑河	大伙房水库	5437	1.39	56.5	50	43.3

① 指卵石推移质来量，沙质推移质来量未包括在内。

1.1.2 河流泥沙的年内和年际变化

我国河流泥沙的年内季节变化很大，其变化过程与径流量和洪水的变化大致相应。绝大多数河流输沙量集中在汛期，一般占年输沙总量的 80% 左右，2017 年长江和黄河干流主要水文站逐月径流量与输沙量变化情况分别如图 1.1-1 和图 1.1-2 所示。

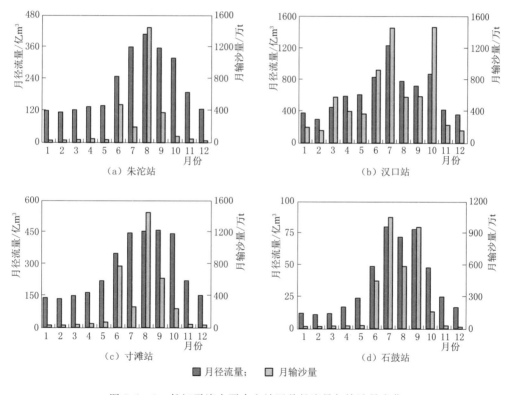

图 1.1-1 长江干流主要水文站逐月径流量与输沙量变化

长江干流主要水文站直门达、石鼓、向家坝、朱沱、寸滩、宜昌、沙市、汉口和大通各站的径流量和输沙量主要集中在 5—10 月，分别占全年的 66%～87% 和 73%～99%。黄河干流唐乃亥站径流量和输沙量主要集中在 6—10 月，分别占全年的 69% 和 96%；受水库调控、引水灌溉等人类活动的影响，其他各站径流量和输沙量年内分布比较均匀，其中头道拐、龙门和潼关各站 7—11 月分别占全年的 51%～56% 和 75%～94%；花园口站

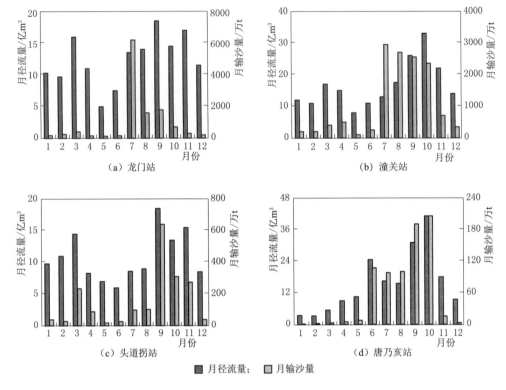

图 1.1-2　黄河干流主要水文站逐月径流量与输沙量变化

和利津站 3—7 月径流量分别占全年的 56% 和 45%，3—7 月输沙量分别占全年的 68% 和 48%。多沙河流的多沙年份泥沙量多集中在一两次暴雨洪水后，一些站 5~10d 的沙量常占全年沙量的 50% 以上，个别站可达 90%。

我国河流泥沙年际变化幅度很大，径流量年际变化大的河流，输沙量变化更大。变化最大的是黄河、海河、辽河等河流。在同一条河流上，泥沙变化幅度有随面积增大而变差系数减小的趋势。例如，黄河干流各水文站年输沙量的最大值是最小值的 4~10 倍，年输沙量变差系数值为 0.4~0.55（不受水库拦沙影响的年份）。据陕县站的资料统计，最大为 1933 年，输沙量为 39.1 亿 t；最小为 1928 年，输沙量为 4.88 亿 t；两者相差 8 倍，变差系数为 0.43。兰州站的资料统计，最大为 1967 年，输沙量为 2.67 亿 t；最小为 1941年，输沙量为 0.308 亿 t，两者相差 8.8 倍，变差系数为 0.55。支流各水文站的年际变化更大，多数站最大年输沙量是最小年的十几倍至几十倍，变差系数一般为 0.8 左右，个别站达 1.0 以上。总体来说，我国河流的年径流量和年输沙量整体呈下降趋势，下文以长江、黄河和珠江的主要代表水文站为例进行介绍。

1. 长江实测水沙特征值

长江干流、支流主要水文站 2017 年实测水沙特征值与多年平均值、近 10 年平均值及 2016 年值的比较如图 1.1-3 和图 1.1-4 所示。

（1）长江干流主要水文站 2017 年实测径流量与多年平均值比较，直门达站偏大

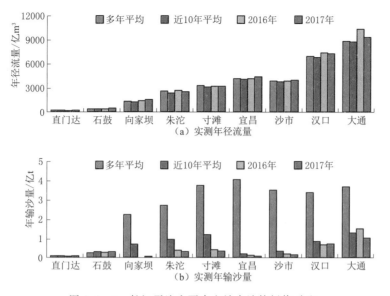

图 1.1-3 长江干流主要水文站水沙特征值对比

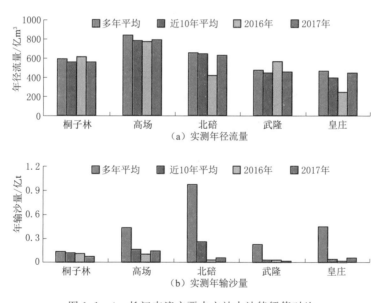

图 1.1-4 长江支流主要水文站水沙特征值对比

31%，其他站基本持平；与近 10 年平均值比较，直门达站、向家坝站、宜昌站、沙市站、汉口站和大通站分别偏大 6%、8%、6%、7%、7% 和 6%，石鼓站、朱沱站和寸滩站基本持平；与 2016 年比较，直门达站和石鼓站分别增大 54% 和 12%，大通站减小 10%，其他站基本持平。

长江干流主要水文站 2017 年实测输沙量与多年平均值比较，直门达站和石鼓站分别偏大 40% 和 26%，向家坝站、朱沱站、寸滩站、宜昌站、沙市站、汉口站和大通站分别偏小 99%、90%、91%、99%、95%、79% 和 72%；与近 10 年平均值比较，直门达站和石鼓站分别偏大 19% 和 11%，向家坝站、朱沱站、寸滩站、宜昌站、沙市站、汉口站和大通站分别偏小 98%、72%、71%、84%、53%、20% 和 18%；与 2016 年比较，直门达站和石鼓站分别增大 97% 和 12%，汉口站基本持平，向家坝站、朱沱站、寸滩站、宜昌站、沙市站和大通站分别减小 32%、28%、18%、61%、22% 和 32%。

（2）长江支流主要水文站 2017 年实测径流量与多年平均值比较，高场站和武隆站均偏小 6%，桐子林站、北碚站和皇庄站基本持平；与近 10 年平均值比较，皇庄站偏大 12%，其他站基本持平；与 2016 年比较，北碚站和皇庄站分别增大 52% 和 84%，高场站基本持平，桐子林站和武隆站分别减小 8% 和 21%。

长江支流主要水文站 2017 年实测输沙量与多年平均值比较，桐子林站、高场站、北碚站、武隆站和皇庄站分别偏小 43%、67%、94%、94% 和 86%；与近 10 年平均值比较，皇庄站偏大 45%，桐子林站、高场站、北碚站和武隆站分别偏小 38%、15%、78% 和 48%；与 2016 年比较，高场站、北碚站和皇庄站分别增大 31%、409% 和 369%，桐子林站和武隆站分别减小 29% 和 58%。

2. 黄河实测水沙特征值

黄河干流、支流主要水文站 2017 年实测水沙特征值与多年平均值、近 10 年平均值及 2016 年值的比较如图 1.1-5 和图 1.1-6 所示。

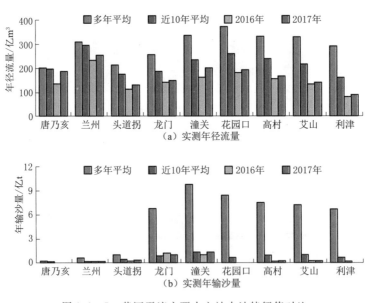

图 1.1-5 黄河干流主要水文站水沙特征值对比

（1）黄河干流主要水文站 2017 年实测径流量与多年平均值比较，各站偏小 7%～69%；其中唐乃亥站、兰州站、艾山站和利津站分别偏小 7%、17%、57% 和 69%；与近 10 年平均值比较，各站偏小 7%～44%，其中唐乃亥站、兰州站、艾山站和利津站分别偏小 7%、14%、34% 和 44%；与 2016 年比较，龙门站基本持平，其他站增大 7%～36%，其中唐乃亥站、兰州站、潼关站、花园口站、高村站、艾山站分别增大 36%、8%、20%、8%、8% 和 7%。

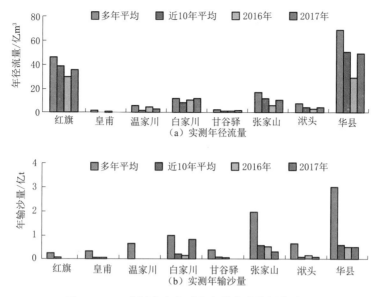

图 1.1-6 黄河支流主要水文站水沙特征值对比

2017 年实测输沙量与多年平均值比较，各站偏小 39%～99%，其中唐乃亥站、头道拐站、花园口站和利津站分别偏小 39%、81%、99% 和 99%；与近 10 年平均值比较，龙门站偏大 13%，其他站偏小 6%～91%，其中唐乃亥站、潼关站、花园口站和利津站分别偏小 16%、6%、90% 和 91%；与 2016 年比较，花园口站基本持平、兰州站、龙门站和利津站分别减小 42%、10% 和 27%，其他站增大 6%～73%，其中唐乃亥站、潼关站、高村站和艾山站分别增大 73%、20%、6% 和 7%。

（2）黄河支流主要水文站 2017 年实测径流量与多年平均值比较，无定河白家川站基本持平，其他站偏小 20%～98%，其中甘谷驿站、红旗站、张家山站和皇甫站分别偏小 20%、22%、41% 和 98%；与近 10 年平均值比较，温家川站和白家川站分别偏大 27% 和 20%，甘谷驿站和华县站基本持平，其他站偏小 6%～92%，其中红旗站和皇甫站分别偏小 6% 和 92%；与 2016 年比较，白家川站基本持平，皇甫站和温家川站分别减小 97% 和 32%，其他站增大 20%～70%，其中甘谷驿站、红旗站、张家山站和华县站分别增大 20%、24%、43% 和 70%。

黄河支流主要水文站 2017 年实测输沙量与多年平均值比较，各站偏小 15%～100%，其中白家川站、张家山站、温家川站和皇甫站分别偏小 15%、84%、99% 和近 100%；与近 10 年平均值比较，白家川站和洑头站分别偏大 366% 和 18%，其他站减小 9%～100%，其中温家川站、华县站、甘谷驿站和皇甫站分别偏小 9%、19%、66% 和近 100%；与 2016 年相比，红旗站和白家川站分别增大 31% 和 511%，温家川站从 0 增大到 0.008 亿 t，华县站基本持平，其他站减小 32%～100%，其中洑头站和皇甫站分别减小 32% 和近 100%。

3. 珠江实测水沙特征值

珠江流域主要水文站 2017 年实测水沙特征值与多年平均值、近 10 年平均值及 2016 年值的比较如图 1.1-7 所示。

珠江流域主要水文站 2017 年实测径流量与多年平均值比较，石角站和博罗站分别偏小 11% 和 6%，其他站偏大 18%~31%；与近 10 年平均值比较，石角站偏小 12%，博罗站基本持平，其他站偏大 20%~91%；与 2016 年比较，柳州站和高要站基本持平，石角站和博罗站分别减小 37% 和 45%，其他站增大 10%~74%。

　　珠江流域主要水文站 2017 年实测输沙量与多年平均值比较，柳州站偏大 412%，小龙潭站基本持平，其他站偏小 41%~96%；与近 10 年平均值比较，南宁站、博罗站和石角站偏小 23%~60%，其他站偏大 42%~224%；与 2016 年比较，石角站和博罗站分别减小 68% 和 69%，其他站增大 32%~237%。

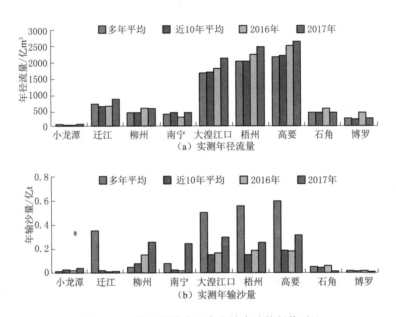

图 1.1 - 7　珠江流域主要水文站水沙特征值对比

1.1.3　我国河流含沙量地区分布

　　我国各地区河流含沙量相差悬殊，黑龙江流域部分河流多年平均年含沙量小于 0.1kg/m³，而黄河中游有的支流曾经高达 500kg/m³。

　　黄河是我国含沙量最大的河流，海河和辽河次之，其他河流含沙量较小，多年平均含沙量一般小于 1.0kg/m³。黄河干流平均含沙量较大，黄河流域中游及上游部分支流处于黄土高原，河流含沙量很大。黄河干流主要水文站中的潼关站多年平均含沙量最高，达到 29.1kg/m³，但 2017 年平均含沙量已降低到 6.58kg/m³。另外还有龙门站、艾山站、利津站、高村站的多年平均含沙量分别达到 26.2kg/m³、21.8kg/m³、23.0kg/m³、22.6kg/m³，2017 年实测平均含沙量则分别为 7.29kg/m³、1.47kg/m³、0.86kg/m³、1.12kg/m³，由此可以看出黄河泥沙治理取得了较为显著的效果。

　　长江流域的嘉陵江上游、金沙江下游、岷江、汉江和内陆河中的疏勒河等河流含沙量也较大，多年平均含沙量为 1~5kg/m³。而在 2017 年，长江干流主要水文站中的直门达站和石鼓站平均含沙量分别为 0.786kg/m³、0.732kg/m³，其他代表水文站及长江支流平均含沙量均小于

0.12kg/m^3。值得注意的是，四川的岷江流域在经历了 2008 年大地震以后，每年夏季流域的山体不断发生滑坡、泥石流等地质灾害，导致岷江流域河流的含沙量在短期内急剧增加，泥沙组分也发生了较大的变化，对流域上水电站水轮机的安全运行造成了严重威胁。

辽河流域的西辽河、柳河及大小凌河，海河流域的永定河、子牙河和滦河上游，多年平均含沙量为 $10 \sim 100 \text{kg/m}^3$。淮河以南、贵州大娄山以东的东南沿海及中南地区的各条河流，青藏高原的河流，以及东北地区的黑龙江、图们江、鸭绿江等，多年平均含沙量很小，一般在 0.5kg/m^3 以下，最大含沙量为 10kg/m^3。

在我国新疆地区的克孜河流域，河流中的泥沙和国内其他流域相比较具备独特的特点。克孜河为暴雨与冰雪融水混合型补给的河流，年降水量的多少对河流水沙情势产生影响。流域侵蚀以雨水冲蚀为主，尤其是夏季的阵发性降水是山地侵蚀和河流来沙的主要动力条件。同时季节性融雪汇流的产沙作用也很强烈，对河流的产输沙有重要影响。克孜河具有上游来水、中游产沙的水沙异源特点，河流流经不同海拔高度的不同区域，区域间地质地貌条件、土壤植被状况等差异大，产沙强度很不相同。克孜河上游降水丰沛，牧草茂盛，森林成片，河流清澈，泥沙含量较小。据上游牙师水文站（距河源 114.3km）实测资料统计，多年平均年输沙量为 221 万 t，多年平均含沙量为 1.96kg/m^3。克孜河的主要产沙区在玛尔坎恰提以下（距牙师水文站 33km）的中游河段，在玛尔坎恰提处有喀什噶尔河水系中泥沙含量最大的恰克玛克河汇入，该河段为中生代、新生代红色泥岩地区，地层极易侵蚀，故有"红水河"之称。克孜河中游山地带两岸山体裸露，植被稀疏，气候干燥，物理风化作用强烈，当有暴雨发生时，两岸风化、风积的沙质堆积物冲入河道致使含沙量沿程不断增大，多年平均流量为 $60 \text{m}^3/\text{s}$，多年平均含沙量为 6.2kg/m^3，多年平均年输沙量为 1174 万 t。克孜河汛期为 4—9 月，泥沙也主要集中在该时段，据牙师和卡拉贝利水文站长系列观测资料统计，汛期泥沙占全年的 97.65%，推移质因缺乏观测资料按推悬比 5% 计算。据卡拉贝利站 1966 年、1973 年、2001 年和 2002 年共 4 年的实测泥沙级配资料，泥沙平均粒径为 0.0676mm，最大粒径为 1.3mm，小于 0.05mm 的颗粒含量占 70.2%，石英质含量占 63.5%，泥沙硬度高。

1.2　水轮机泥沙磨损问题概况

1.2.1　国内泥沙磨损问题

据不完全统计，我国已运行的大中型水电站中，有 50% 以上的水轮机遭受泥沙磨损危害。泥沙磨损问题在黄河流域的水力机组上表现得尤为突出。过机泥沙是导致水轮机磨损的根源，泥沙来自水土流失，黄河、长江等七大流域和新疆等地的内陆河流都有不同程度的水土流失。黄河是我国含沙量最高的河流，水土流失面积大，因此建在黄河上的水电站泥沙磨损是非常严重的。我国泥沙磨损问题的研究也是从黄河开始的。在其他含沙量较大的河流中，如金沙江、大渡河、岷江及一些内陆河流，约有 1.7 亿 kW 的水能蕴藏量，有几千万千瓦的水轮机遇到泥沙磨损问题。

在黄河干流上有多座电站的水轮机受到不同程度的泥沙磨损，使得水力机组的效率下降，机组检修频繁，大修期延长。设计水头为 100m 的刘家峡水电站，安装了 5 台混流式水轮发电机组，总装机容量为 122.5kW，多年平均含沙量为 2.94kg/m³。近年来，由于洮河泥沙向坝前迅速推移，过机含沙量增加，水轮机磨损加剧。设计水头为 30m 的三门峡电站，安装了轴流转桨式水轮发电机组 5 台，总装机容量 25 万 kW，采用水轮机型号为 ZZ010-LJ-600，多年平均含沙量为 37kg/m³，由于泥沙的存在及水轮机设计、制造、运行等方面的原因，水轮机磨损严重，水轮机运行 15000h 后效率下降 8.7%。设计水头为 12.9m 的黄河支流无定河绥德水电站，采用水轮机型号为 ZD661-LH-120，每年有 500h 在含沙量为 150～330kg/m³（电站实测最大过机含沙量为 960kg/m³）的条件下运行（泥沙平均粒径 0.08～15mm，泥沙颗粒以石英沙、长石为主），不锈钢叶片运行 10161h 后叶片失重达 15%，外缘呈扫帚状，出力下降 40%。

岷江位于长江上游，据岷江上游的紫坪铺水文站所测，1980—2007 年平均年输沙量为 704.43 万 t。其中最大值出现在 1992 年，为 900 万 t；最小值出现在 2002 年，为 562.5 万 t。2000—2008 年，汶川地震前岷江流域的年输沙量无大的变化，2008 年输沙量为 905.71 万 t，比地震前的多年平均年输沙量增加了 27.56%；2009 年输沙量为 808.05 万 t，比地震前的多年平均年输沙量增加了 13.8%。尽管 2008 年、2009 年岷江上游没有发生大洪水、泥石流等灾害，但其输沙量较多年平均值增加 30% 左右。值得注意的是，2010 年该流域暴发了特大洪水及泥石流，造成该流域当年输沙量为 1239.19 万 t，是地震前多年平均年输沙量的 1.76 倍。此外，汶川地震后新生的水土流失量明显大于震前的水土流失量。其中平均土壤侵蚀模数由震前的 3703t/(km²·a) 增加到震后的 4604t/(km²·a)，地震前后土壤侵蚀强度的增幅达 25%。震前平均年土壤侵蚀量达 4.98 亿 t，震后平均年土壤侵蚀量达 6.87 亿 t（未计入滑坡、堰塞湖等次生地质灾害造成的流失量），土壤侵蚀量增加，导致洪水含沙量增多。由此可知，汶川地震造成了森林涵养水源的能效下降，水土流失加剧，河流的输沙量在震后迅速增加，使得岷江上运行的福堂、渔子溪、映秀湾等水电站本来就泥沙磨损严重的水轮机破坏加剧，导致机组检修周期和寿命大大缩短。

福堂水电站位于四川省阿坝藏族羌族自治州汶川县境内，是岷江干流上的一座引水式电站，电站引水隧洞全长 19.3km，共有 10 条支洞，电站由首部枢纽、左岸引水系统及地面厂房组成，控制流域面积 19111m²，多年平均流量为 345m³/s，总库容为 0.0297 亿 m³。水电站设计水头为 159.3m，总装机容量为 4×90MW（360MW），年发电量为 11.7 亿 kW·h，采用 HLD307-LJ-290 水轮机型号。自 2004 年投产以后，该水电站 1 号机组在 2006 年检修时发现转轮出口边有块叶片脱落，脱落部分长达 50cm。图 1.2-1 为福堂水电站水轮机转轮叶片背面的磨损情况，可以看到叶片已被严重磨损，表面密集的凹槽清晰可见，甚至凹槽群中部被磨穿，出现较大尺寸的空洞。图 1.2-2 为福堂水电站转轮叶片出口的磨损情况，可以看到转轮叶片出口周围表面有结构脱落，呈现一定面积的缺陷。

渔子溪水电站位于汶川县映秀镇境内，是岷江上游右岸支流渔子溪河梯级电站的第一级水电站，总装机容量为 4×40MW（改造后水轮机型号 HLA542-LJ-215，设计水头 290m，设计流量 17.5m³/s）。渔子溪为山区河流，汛期暴雨引发山洪和泥石流，河水暴涨，水流浑浊。河道多年平均年输沙量为 126 万 t，多年平均含沙量为 0.603kg/m³。来沙量集中在汛期，其中 7—8 月占全年来沙量的 86.2%，最大日平均含沙量为 54.7kg/m³。枯水期日平均含沙量为 0.02kg/m³。泥沙的主要矿物成分为石英石、长石、角闪石。汶川

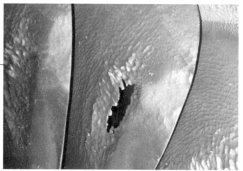

图 1.2-1 福堂水电站水轮机转轮叶片背面的磨损情况

图 1.2-2 福堂水电站水轮机转轮叶片出口的磨损情况

大地震后河流的输沙量迅猛增加，水轮机经过 1~2 个汛期的运行，其过流部件严重损坏。图 1.2-3 为渔子溪水电站 3 号机组活动导叶在 2017 年 2 月机组拆除时的磨损破坏情况。图 1.2-4 为渔子溪水电站 1 号机组水轮机转轮叶片在运行 4 年后于 2020 年 1 月小修时的磨损情况。

图 1.2-3 渔子溪水电站水轮机导叶磨损情况　图 1.2-4 渔子溪水电站水轮机转轮叶片磨损情况

　　映秀湾水电站位于岷江上游汶川县境内，是一座中型径流引水式电站。装机容量为 $3 \times 45MW$（水轮机型号 HL002-LJ-410，设计水头 54m，设计流量 98m³/s），电站无水库储水，来水经三级拦污栅和引水涵洞进入水轮机。由于映秀湾水电站所处岷江河段为山区河流，当遭遇暴雨时，河流中会有大量泥沙进入水轮机，造成水轮机过流部件磨损破坏。图1.2-5为映秀湾水电站2号机组水轮机的底环在运行3年后的磨损情况，可以发现底环严重磨损脱落；图1.2-6为映秀湾水电站2号机组水轮机固定导叶在运行2年后的磨损情况，可以清楚地看到表面布满密集的细小凹坑。

长江干流上的葛洲坝水电厂大江电站（水轮机型号 ZZ500-LH-1020，设计水头18.6m，设计流量826m³/s，单机出力12.9万kW），17号机组20mm厚的不锈钢叶片出水边的磨损速率为3.5mm/10000h，而15号机组运行37000h后进水边头部磨损量超过16mm，磨损速率达4.3mm/10000h以上，每年必须有3～4台机组进行非金属涂层涂敷保护才能延长大修的周期。

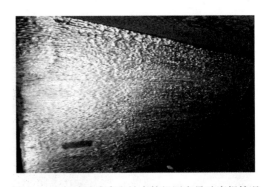

图1.2-5 映秀湾水电站水轮机底环磨损情况   图1.2-6 映秀湾水电站水轮机固定导叶磨损情况

大渡河龚嘴水电站，在水库泥沙淤积趋于平衡后，全站7台水轮机（水轮机型号HL220-LJ-550，设计水头48m，设计流量241m³/s，单机出力10.25万kW），每年都要大修1～2台机组，并对过流部件进行非金属涂层防护，这样才能不损坏转轮的母材。

新疆玛纳斯河（内陆河流）红山嘴水电站，多年平均含沙量为2.38kg/m³，最大含沙量达402kg/m³，年输沙量为304t，输沙量的95%集中在5—9月，泥沙颗粒粗，石英石、长石等硬颗粒占50%，水轮机过流部件金属表面磨损破坏极为严重，如该水电厂3级水电站水轮机（水轮机型号HL702-LJ-140，设计水头61m，设计流量15.6m³/s，单机出力9150kW），每年都要大修，新转轮在一个汛期内还要对转轮叶片焊补数次才能度过汛期。

新疆塔尕克水电站，装机容量为2×2.45万kW（水轮机型号为HLA801-LJ-215，设计水头为74m，设计流量为37.22m³/s），多年平均含沙量为3.178kg/m³，最大含沙量为49.3kg/m³，2008年汛期实测最大含沙量达59.6kg/m³，石英石含量占45%，两台机组先后于2008年3月31日和4月8日并网发电。1号机组累计运行2784h（汛期运行1504h），2号机组累计运行2957h（汛期运行1517h）后，水轮机即遭严重磨损破坏，2号机组下止漏环单边间隙最大达21mm（设计值1.1～1.4mm），固定导叶进水边出现深约5mm的磨损凹坑，主轴密封端盖（铸铝结构）磨穿，密封环严重磨坏漏水，水导轴承座紧固螺栓全部断裂，水导油盆进水，不得不停机检修。又如陕西某水电站，装机

容量为 3×1.6 万 kW，最大水头为 110m，多年平均含沙量为 145.9kg/m³，2009 年汛期实测最大含沙量达 647kg/m³。2009 年 8 月 3 台机组在 72h 试运行期间，水轮机即遭严重磨损破坏（导叶、顶盖、座环及蝶阀、旁通阀、电磁阀以及主轴密封等受损），被迫停机处理。

大盈江水电站（四级）位于云南省德宏州盈江县境内的大盈江下游河段，是大盈江上在我国境内规划的最后一个梯级电站，电站采用引水式开发，径流发电。电站装有 $5 \times$ 175MW 的混流式水轮发电机组，机组最大水头为 331m，额定水头为 289m，最小水头为 285m，转轮直径为 3.8m，额定转速为 300r/min，多年平均含沙量为 0.427kg/m³。该水电站自 2009 年 4 月首台机组投产发电以后，由于实际过机含沙量过大，且泥沙粒径大、硬度高，机组导水机构、转轮等主要过流部件出现了不同程度的磨损。3 号、4 号机组运行一个汛期后，发现机组开机时进水球阀无法正常平压。2009 年 12 月，拆开机组进行检修，发现导叶、底环、顶盖及转轮出现磨损。两台机组共计 48 只导叶，轴颈处全遭到破坏，导叶表面、上下端面有明显的磨损痕迹。两台机组转轮上、下止漏环处，单边磨损最深 15mm，下止漏环径向磨出深 15mm、宽 30mm 环形深沟，上、下止漏环上端面磨损严重，叶片进口头部磨损严重；该机组顶盖抗磨板、部分中轴套遭磨损破坏，过流面最大破坏深度达 50～60mm；底环抗磨板、下轴套全部遭到严重磨损破坏，底环过流面破坏平均深度达 40mm，最大破坏深度达 60～70mm。

此外，含沙水绕流水轮机过流部件时，间隙处造成的磨损也不可忽视。近年来，对不锈钢材料 06Cr13Ni5Mo 加工而成的 HLA351 机型活动导叶进行了端面间隙的绕流磨损试验，新疆克孜河流域泥沙含量为 9.52kg/m³，导叶端面间隙为 0.1mm，试验 30h 后翼型试件磨损情况见图 1.2-7。可以看出，导叶端面磨损严重，当然此时导叶端面的磨损还伴随着水流空化的发生。

图 1.2-7 导叶端面间隙磨损

我国针对水轮机泥沙磨损问题的研究已有几十年的历史，早在 20 世纪 50 年代，在修建北京官厅水库和黄河三门峡等水利枢纽工程，以及 1956 年国家编制《十二年科学技术发展规划》时就提出了水轮机泥沙磨损的问题。近年来，考虑到来流泥沙的速度大小及方向对水轮机过流部件磨损的影响，提出了一种满足流动相似的水轮机泥沙磨损绕流试验方法，该方法可确保试验试件绕流流动条件与水轮机真机过流部件绕流流动条件相一致，从而更为精确地研究水轮机过流部件泥沙磨损，并结合对试验试件磨损前后表面形貌的精确测试，修正泥沙磨损率的理论公式，较为准确地实现过流部件磨损寿命预估。

1.2.2 世界其他地区泥沙磨损问题

全球河流年总输沙量估计值为 150 亿～200 亿 t。以年总输沙量为指标，各大洲河流总输沙量分布见表 1.2-1。尽管人们对各大洲河流输沙量的估计值有差异，但整体而言，亚洲河流输沙量最大，占全球总输沙量的一半以上。

表 1.2-1　　　　　　　　　　　各大洲河流年总输沙量分布　　　　　　　　　　　单位：亿 t

区域	Holeman	Milliman 和 Meade	Syvitski 等	Milliman 和 Farnsworth
非洲	4.9	5.3	13.1	15
亚洲	145	63	63.5	53
大洋洲	—	31	4.2	71
欧亚北极圈	—	0.84	—	1.5
欧洲	2.9	2.3	9.2	8.5
北美洲、中美洲	18	15	23.5	19
南美洲	11	18	26.8	23

注　数据来源于 Holeman（1968），Milliman 和 Meade（1983），Syvitski 等（2005），Milliman 和 Farnsworth（2011）；单位为亿 t；"—"指数据未知。

　　亚洲河流输沙量主要来自中国和印度以及众多的山地小河流。发源于青藏高原的众多河流的输沙模数远高于全球平均值的 190t/（km^2·a），例如中国的黄河和印度的印度河。中国台湾和东南亚众多山地河流的输沙模数更大，中国台湾地区平均输沙模数约为 7700t/（km^2·a），局部地区甚至超过 30000t/（km^2·a）。有泥沙磨损的地区主要集中在日本与南亚。

　　日本是一个地形狭长的岛国，大多数河流短小坡陡，平时水较清，含沙量为 0.03～2.5kg/m^3，泥沙集中在雨季，下雨后，河水中的含沙量急剧增大，有的河流含沙量可达 25～75kg/m^3，最大甚至可达 800kg/m^3，但历时较短。有泥沙磨损的水电站主要分布在本州的中部、北陆、关西与九州等地区，有磨损的水轮机也以冲击式和高水头混流式居多。20 世纪 50 年代前后，磨损相对较重。如干穗、黑川等电站，运行一年后就更换了导叶、转轮、喷针和喷嘴。有的水轮机改用不锈钢后，破坏仍较严重。从 70 年代后期由日本电气学会组织的一次普查情况来看，从 1956 年 4 月至 1976 年 3 月，有磨损的水轮机共 86 台，大多数检修周期仍可达 4～6 年，短于 3 年的仅有 6 台，但磨损问题仍然存在。如某抽水蓄能电站，1981 年 1 月在大修重新投入运行后的一年中，转轮与导叶表面普遍出现了磨损痕迹。转轮出口直径扩大了 3.08mm，叶片出水边磨损 0.3～1.2mm，个别叶片局部最大磨损深 6.8mm。

　　南亚的恒河、布拉马普特河、印度河的平均含沙量为 0.76～2.49kg/m^3。据印度统计，有 20 多个较大水电站有磨损，大多属于较高水头混流式，其中较严重的有 3 个。如某水电站，设计水头为 260m，机组出力为 60MW，转轮直径为 2.8m，转轮与导叶都采用不锈钢制造。尽管该电站泥沙颗粒很细，d_{50} 仅为 0.011mm，但运行 13000～15000h 后，导水机构遭到了严重磨损，大修耗用焊条 1.66t。

　　各研究对大洋洲总输沙量的估计值差别很大，这主要是因为近年来对山地河流输沙量的重视。新西兰和巴布亚新几内亚的山地河流输沙量在全球河流总数量中都占有很大比重，贡献了大洋洲几乎全部的河流输沙。新西兰河流输沙模数整体上大于 300t/（km^2·a），巴布亚新几内亚河流输沙模数全部大于 1000t/（km^2·a）。

　　南美洲西部的安第斯山脉在地质上属于年轻的褶皱山系，该地区降水丰富且时空分布不均，为南美河流泥沙的主要来源。北部的马格达莱纳河和亚马孙河等大河因为具有面积广阔的冲积平原，其输沙模数较低，但其年均总输沙量占南美洲河流总输沙量的70%以上。北美洲和中美洲河流输沙量在众多研究中基本相同，为15亿～20亿t，其中输沙量一半以上来自西部的山地；其次是密西西比河流域；加拿大北部地区河流输沙量较低。

相比较而言，非洲河流输沙量较低。早期研究由于数据缺乏，对其估值较低。近年来的年输沙量估值约为15亿t。非洲大陆的平均海拔要高于其他大陆，其众多河流都属于世界大河，包括尼罗河、刚果河和尼日尔河等。非洲大河建坝前平均输沙模数仅为25t/(km²·a)，远低于全球平均值190t/(km²·a)。这可能是由非洲大陆很多流域岩石地质年代较老、气候干旱、地势平缓等综合原因造成的。

欧洲河流年输沙量不到10亿t，是各大洲中输沙量最低的。欧洲北部广大地区地势平缓，且河流上修建有众多水坝、河道广泛渠道化，因此输沙量较低。欧洲河流输沙量主要来自阿尔卑斯山南部注入地中海的河流。欧洲是工业发达国家集中的地区，其大多数国家对水土保持与绿化都比较重视，河流的泥沙较少，如莱茵河、多瑙河等，平均含沙量只有0.04～0.1kg/m³，虽然如此，仍发现一些水电站有磨损。据一些资料统计，阿尔卑斯山区河流的含沙量可达0.5kg/m³，有的甚至可达25～30kg/m³，因此有磨损的机组主要发生在位于阿尔卑斯山区周围的一些国家，主要有瑞士、法国和德国等。有磨损的水轮机以冲击式和高水头混流式为主。在20世纪50年代有一台冲击式水轮机，运行200h后，因磨损效率下降了3%；另一台水轮机仅运行1350h，效率就下降了12%。苏联是属于水轮机泥沙磨损相对较重的国家之一。有泥沙磨损的水电站主要集中在欧洲南部的高加索山区和中亚一带，平时含沙量较小，每年4—9月融雪期与雨季，泥沙就大量增多，通过电站的河流平均含沙量为0.1～0.8kg/m³，多个水电站有泥沙磨损，如巴克桑水电站，设计水头90m，一年效率下降达5%，需每年进行大修，每隔3～4年就要更换转轮。

中亚属于内陆河地区，类似我国新疆，十分干旱，植被覆盖较少。20世纪50年代修建在乌兹别克斯坦灌渠上的一些低水头混流式与轴流式水电站，平均含沙量为1.0～1.3kg/m³，水轮机磨损都比较严重，如沙赫里汉梯级水电站，设计水头为14～37m，每年都要进行检修。

国外对水轮机泥沙磨损的研究起步较早，早在20世纪50—60年代，法国、瑞士、苏联、日本等国家的一些学者相继在泥沙磨损机理、材料选择、喷涂、加工、结构优化等方面进行了一系列的研究。80年代后，日本等国一些水轮机制造厂商在耐磨材料、表面层保护、固液两相流动等方面对水轮机泥沙磨损问题进行了研究。

由此可见，几乎世界各地水电站的水轮机都存在着泥沙磨损问题，尽管经过几代科技工作者和水电站运行与检修人员的共同研究与实践，已经取得了不少减缓泥沙对水轮机磨损破坏的综合治理成果，但值得注意的是，水轮机泥沙磨损问题并未得到彻底解决，还有许多问题有待深入研究。

第 2 章　固液两相流动基本理论

2.1　流体运动基本方程

流体运动的求解必须通过流体运动的基本方程进行，其求解结果的准确性将依赖于所建的数学模型，因此，建立准确的流体运动的数学模型对求解水轮机内部流动是非常重要的。

2.1.1　流体运动基本控制方程

连续方程：

$$\frac{\partial \rho}{\partial t} + \frac{\partial}{\partial x_i}(\rho V_i) = 0 \qquad (2.1-1)$$

运动方程（N-S方程）：

$$\frac{\partial}{\partial t}(\rho V_i) + \frac{\partial}{\partial x_j}(\rho V_i V_j) = \frac{\partial \tau_{ij}}{\partial x_j} + \rho g_i \qquad (2.1-2)$$

其中

$$\tau_{ij} = \mu \left(\frac{\partial V_i}{\partial x_j} + \frac{\partial V_j}{\partial x_i} \right) - \left(P + \frac{2}{3}\mu \frac{\partial V_k}{\partial x_k} \right)\delta_{ij}, \ \delta_{ij} = \begin{cases} 1 & \text{当 } j=i \\ 0 & \text{当 } j \neq i \end{cases}$$

式中：t 为时间；V 为流体速度；ρ 为流体密度；P 为压强；μ 为流体动力黏性系数；g 为重力加速度；x 为坐标；下标 i、j、k 为张量坐标。

对于不可压缩流体（一般情况下，水轮机工作介质水可以作为不可压缩流体），式（2.1-1）和式（2.1-2）可简化为

连续方程：

$$\frac{\partial V_i}{\partial x_i} = 0 \qquad (2.1-3)$$

运动方程：

$$\frac{\partial V_i}{\partial t} + V_j \frac{\partial V_i}{\partial x_j} = -\frac{1}{\rho}\frac{\partial P}{\partial x_j} + \nu \frac{\partial^2 V_i}{\partial x_j \partial x_j} + g_i \qquad (2.1-4)$$

其中

$$\nu = \mu/\rho$$

式中：ν 为流体运动黏性系数。

2.1.2　湍流运动基本控制方程

由流体力学实验得知，在管道内的流体，当流动雷诺数 $Re \geqslant 2300$ 时，则流体的流动将由层流工况过渡到湍流工况。对于较复杂的水轮机内部流动，在更低的雷诺数下就可能会过渡到湍流工况，此时流体的主要特征是：流体分子微团作无规则的混乱运动，即液流中的各点速度、压力等参数都随时间而变化。但研究表明，微团的混乱运动在足够长的时间内是服从数学统计规律的，因而最合理的方法是建立湍流微观方程式，用统计方法来研

究运动的规律性。

由于湍流产生的机理及其微观运动的规律目前还未研究清楚，为了解决工程实际问题，往往人为地把瞬时的真正变量 A 用不变的平均量 $\overline{A}$ 和随时间变化的脉动量 a 之和来表示，即

$$A_i = \overline{A_i} + a_i \qquad (2.1-5)$$

其中

$$\overline{A_i} = \lim_{T \to \infty} \frac{1}{T} \int_0^T A_i \mathrm{d}t$$

式中：a 为脉动量；$\overline{A}$ 为时均值；t、T 为时间；下标 i 为张量坐标。

如果对脉动速度按不同时间取平均值，可以发现液流微团正、负方向脉动的机会是均等的，即

$$\overline{a_x} = \overline{a_y} = \overline{a_z} \qquad (2.1-6)$$

尽管湍流内部结构十分复杂，但湍流运动的实验研究表明，它仍遵循连续介质的一般动力学定律——动量守恒定律。湍流中的流动特征参数虽然都随时间和空间而变化，但是任一瞬时的运动仍然符合连续介质流动的特征，流场中任一空间点上应该适用黏性流动的基本方程。因此，基本方程中任一瞬时的参量都可用平均量和脉动量之和代替，并且可以对整个方程进行时间平均运算。

将式（2.1-5）和式（2.1-6）分别代入式（2.1-1）和式（2.1-2），并对其进行时间平均，可得：

湍流平均连续方程：

$$\frac{\partial \rho}{\partial t} + \frac{\partial}{\partial x_i}(\rho \overline{V_i}) = 0 \qquad (2.1-7)$$

湍流平均运动方程：

$$\frac{\partial}{\partial t}(\rho \overline{V_i}) + \frac{\partial}{\partial x_j}(\rho \overline{V_i}\,\overline{V_j}) = -\frac{\partial \overline{P}}{\partial x_i} + \frac{\partial}{\partial x_j}\left(\mu \frac{\partial \overline{V_i}}{\partial x_j} - \rho \overline{v_i v_j}\right) + \rho g_i \qquad (2.1-8)$$

式（2.1-8）就是著名的雷诺（Reynolds）方程，式中 $\rho \overline{v_i v_j}$ 为雷诺应力张量。

由式（2.1-7）和式（2.1-8）可知，这里的分量未知数共有 10 个，即 $\overline{V_x}$、$\overline{V_y}$、$\overline{V_z}$、$\overline{P}$、$\overline{v_x^2}$、$\overline{v_y^2}$、$\overline{v_z^2}$、$\overline{v_x v_y}$、$\overline{v_z v_y}$、$\overline{v_z v_x}$，但分量方程只有 4 个，因此方程是不封闭的。

对于不可压缩流体，式（2.1-7）和式（2.1-8）可简化如下。

湍流平均连续方程：

$$\frac{\partial \overline{V_i}}{\partial x_i} = 0 \qquad (2.1-9)$$

湍流平均运动方程：

$$\frac{\partial \overline{V_i}}{\partial t} + \frac{\partial}{\partial x_j}(\overline{V_i}\,\overline{V_j}) = -\frac{1}{\rho}\frac{\partial \overline{P}}{\partial x_i} + \nu \frac{\partial^2 \overline{V_i}}{\partial x_j^2} - \frac{\partial}{\partial x_j}\overline{v_i v_j} + g_i \qquad (2.1-10a)$$

或

$$\frac{\partial \overline{V_j}}{\partial t} + \frac{\partial}{\partial x_i}(\overline{V_i}\,\overline{V_j}) = -\frac{1}{\rho}\frac{\partial \overline{P}}{\partial x_j} + \nu \frac{\partial^2 \overline{V_j}}{\partial x_i^2} - \frac{\partial}{\partial x_i}\overline{v_i v_j} + g_j \qquad (2.1-10b)$$

2.1.3 湍流模型

2.1.3.1 基本湍流模型

对湍流最基本的模拟方法，一种是在湍流尺度的网格尺寸内求解瞬态三维纳维-斯托

克斯（N‐S）方程的全模拟，这时无须引入任何模型，然而这是目前计算机容量及速度难以解决的；另一种要求稍低的办法是亚网格尺度模拟即大涡模拟（LES），也是由 N‐S 方程出发，其网格尺寸比湍流尺度大，可以模拟湍流发展过程的一些细节，但由于计算量仍很大，只能模拟一些简单情况，如弯管等，目前还不能直接用于工程实际。按国内外不少学者的看法，目前，可用于工程的现实模拟方法，仍然是由雷诺平均方程出发的模拟方法，这就是目前常说的"湍流模型"或"湍流模式"。其基本点是利用某些假设，将雷诺平均方程或者湍流特征量输运方程中的未知关联项用低阶关联项或者时均量来表达，从而使雷诺平均方程封闭。这是因为工程中感兴趣的往往是时均速度场和湍流脉动时均特性等，并不需要知道湍流产生及发展的细节，因此，并不需要过细的模拟。总之，湍流模型的方法是目前处理工程中最有效而且最有希望的方法。

1. 零方程模型

最早的湍流封闭法是 1925 年普朗特提出的，即直接对雷诺方程中的 $\overline{v_i v_j}$ 用时均量进行模拟，加以封闭，称为零方程模型，也称为混合长度模型或代数模型。该模型是从两个类比的简单物理设想出发的。

第一个是层流黏性与湍流黏性的类比。按照这一类比可以写出

$$\nu_t = \sqrt{\overline{v_i^2}}\, l_m \tag{2.1-11}$$

式中：ν_t 表示湍流涡运动黏性系数；l_m 称为混合长度。

第二个是时均运动与脉动量纲对比，即

$$\frac{\text{脉动速度}}{\text{时均速度}} = \frac{\text{脉动尺度}}{\text{时均尺度}} \tag{2.1-12}$$

由此可得

$$\sqrt{\overline{v_i^2}} = l_m \left| \frac{\partial \overline{V}_x}{\partial y} \right| \tag{2.1-13}$$

由以上两个类比，得出混合长度模型的湍流封闭代数表达式（边界层问题中）

$$\nu_t = l_m^2 \left| \frac{\partial \overline{V}_x}{\partial y} \right| \tag{2.1-14}$$

或

$$-\overline{v_x v_y} = l_m^2 \left| \frac{\partial \overline{V}_x}{\partial y} \right| \frac{\partial \overline{V}_x}{\partial y} \tag{2.1-15}$$

式中：x 表示主流方向。

这一封闭模型的特点是直接用平均梯度代数表达式来模拟雷诺平均方程中未知的应力、物质流关联项等。该模型中的 l_m 则由实验或直观判断加以确定。

对边界层流动有

$$l_m = \begin{cases} \kappa y & \delta_1 < y < y_c \\ K\delta_T & y_c < y < \delta_T \end{cases} \tag{2.1-16}$$

其中

$$y_c = 40\nu/u_\tau, \quad u_\tau = (\tau_w/\rho)^{1/2}$$

式中：δ_1 为黏性次层厚度；y 为垂直于壁面的距离；$\kappa = 0.4$；δ_T 为湍流边界层厚度；$K = 0.085$；u_τ 为壁面摩擦速度；τ_w 为壁面剪应力。

对自由射流中的平面淹没射流，有

$$l_m = 0.09b \approx 0.018x \quad (2.1-17)$$

对自由射流中的圆淹没射流，有

$$l_m = 0.075b \approx 0.015x \quad (2.1-18)$$

式中：b 为射流宽度。

对充分发展的管流有

$$\frac{l_m}{R} = 0.14 - 0.08\left(1 - \frac{y}{R}\right)^2 - 0.16\left(1 - \frac{y}{R}\right)^4 \quad (2.1-19)$$

其中

$$l_m = 0.4\left|\frac{\partial \overline{V}_x}{\partial y}\right| / \left|\frac{\partial^2 \overline{V}_x}{\partial y^2}\right|$$

式中：R 为管半径；y 为距管壁距离。

湍流的普朗特数 Pr 或施密特数 Sc，则由经验可以确定。如：平面自由射流，$Pr = Sc = 0.5$；圆自由射流，$Pr = Sc = 0.7$；近壁边界层，$Pr = Sc = 0.85$。

混合长度模型是直观、简单、无须附加湍流特性的微分方程，因而适用于简单流动，如射流、边界层、管流和喷管流动等。

但这个模型有一个显著的缺点：按此模型，在 $\left|\dfrac{\partial \overline{V}_x}{\partial y}\right| = 0$ 处必然是湍流涡运动黏性系数 ν_t 为 0，或剪应力和扩散流均为 0，这与实际不符。如图 2.1-1 所示管道内中心线处 ν_t 按理论为 0，实际上不为 0。

如图 2.1-2 所示栅网后方均匀流场中的 ν_t 按理论为 0，实际上也不为 0。其原因是混合长度模型相当于湍流能量达到局部平衡，即湍流的产生等于湍流的耗散，亦即认为湍流的对流（上游的影响）和扩散（断面上的混合）均为 0。图 2.1-1 中的例子表明壁面附近产生的湍流向中心扩散，因而使轴线处有相当的湍流产生。图 2.1-2 中的例子则表明上游的湍流通过对流输运到下游。所以事实上湍流的对流和扩散都不为 0。混合长度模型一般只有在简单流动中才能给出 l_m 的表达式。对复杂流动，如拐弯或台阶后方有回流的流动，就很难给出 l_m 的规律。因此该模型难以推广。

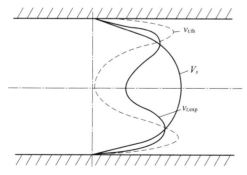

图 2.1-1 管道中的速度及黏性系数分布
th—理论值；exp—实际值

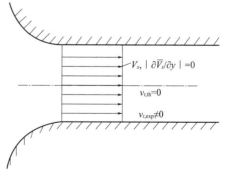

图 2.1-2 栅网后的速度及黏性系数分布
th—理论值；exp—实际值

2. 不可压缩流体的单方程模型

在零方程模型中，雷诺应力和局部平均速度梯度的联系是通过混合长度和湍流黏性建立起来的，因此，这是一个局部平衡的概念，缺少普遍的意义。同时，在 $|\partial \overline{V}_x / \partial y| = 0$ 处，也不能反映湍流中的雷诺应力。故人们建议在雷诺方程和连续方程的基础上，再建立一个湍动能方程来使方程封闭，所以这种模型称为单方程模型。

在忽略重力的条件下，用 v_i 乘以式（2.1-10b），用 v_j 乘以式（2.1-10a），然后把所得两式逐项相加，对所得式子进行时间平均运算，并令 $j=i$，可得到不可压缩流体的湍动能 k 方程

$$\underbrace{\frac{\partial k}{\partial t} + \frac{\partial}{\partial x_j}(k\overline{V}_j)}_{(1)} = \underbrace{-\frac{\partial}{\partial x_j}\left[\overline{v_j\left(\frac{p}{\rho}+k\right)}\right]}_{(2)} \underbrace{-\overline{v_i v_j}\frac{\partial \overline{V}_i}{\partial x_j}}_{(3)} + \underbrace{\nu\frac{\partial}{\partial x_j}(\overline{v_i \zeta_{ji}})}_{(4)} \underbrace{-\nu\overline{\zeta_{ji}\frac{\partial v_i}{\partial x_j}}}_{(5)}$$

$$(2.1-20)$$

其中
$$k = \frac{1}{2}\overline{v_i^2} = \frac{1}{2}(\overline{v_x^2} + \overline{v_y^2} + \overline{v_z^2}), \zeta_{ji} = \frac{\partial v_j}{\partial x_i} + \frac{\partial v_i}{\partial x_j}$$

式中：k 为流体湍动能；第（1）项表示湍流动能随时间变化率及平均运动造成的湍流动能对流；第（2）项表示由湍流引起的对流输运和湍流脉动压力所做的功；第（3）项表示由湍流应力与平均速度梯度作用产生的湍能，即平均动能和湍能间的转化；第（4）项表示湍流运动的黏性应力所做的功；第（5）项表示湍流运动引起的黏性耗散。

实际上，式（2.1-20）右端的二阶及三阶关联项是未知的，因此式（2.1-20）不封闭。要使式（2.1-20）封闭，须用模拟假设使三阶关联项降阶，并使二阶关联项表达为平均量的函数。这里的基本思路是受分子输运及混合长度模型的启发，用梯度模拟。如同取应力正比于速度梯度、质量流正比于浓度梯度等。经模化后的 k 方程为

$$\frac{\partial k}{\partial t} + \frac{\partial}{\partial x_j}(k\overline{V}_j) = \frac{\partial}{\partial x_j}\left[\left(\nu + \frac{\nu_t}{\sigma_k}\right)\frac{\partial k}{\partial x_j}\right] + G_k - C_k\frac{k^{3/2}}{l} \qquad (2.1-21)$$

其中
$$G_k = \nu_t\left(\frac{\partial \overline{V}_i}{\partial x_j} + \frac{\partial \overline{V}_j}{\partial x_i}\right)\frac{\partial \overline{V}_i}{\partial x_j}, \nu_t = C_\mu l\sqrt{k}$$

式中：G_k 为湍流动能产生项；C_k 为一系数；ν_t 为普朗特定义的湍流涡运动黏性系数；C_μ 为实验系数；l 为湍流特征长度，须由经验式给定。

对于平面二维边界层流动，上述 k 方程可简化为

$$\frac{\partial k}{\partial t} + \frac{\partial}{\partial x}(k\overline{V}_x) + \frac{\partial}{\partial y}(k\overline{V}_y) = \frac{\partial}{\partial y}\left[\left(\nu + \frac{\nu_t}{\sigma_k}\right)\frac{\partial k}{\partial y}\right] + \nu_t\left(\frac{\partial \overline{V}_x}{\partial y}\right)^2 - C_k\frac{k^{3/2}}{l} \quad (2.1-22)$$

其中，$\sigma_k = 0.9 \sim 1.0$。

在近壁面，湍动能 k 的对流和扩散互相平衡，因此式（2.1-22）可简化成

$$\nu_t\left(\frac{\partial \overline{V}_x}{\partial y}\right)^2 = C_k\frac{k^{3/2}}{l} \qquad (2.1-23)$$

从式（2.1-23）可知，它与混合长度理论是等价的，即混合长度模型是单方程模型的极端情况，这里 $l_m = l\sqrt{C_\mu^{3/2}/\sqrt{C_k}}$。由实验可得，$C_\mu C_k = 0.08 \sim 0.09$。因此，计算中只要选定 l 和 l_m 的关系 C_k 值，就可以使方程组封闭求解了。这里有两种方法：一种是选定 $l = l_m$，则可得到 $C_\mu = 0.584$，$C_k = 0.164$；另一种是取 $C_k = 1$，则 $C_\mu = 0.08 \sim 0.09$，

$l=(6.08\sim6.64)l_m$。

单方程模型优于混合长度模型之处是克服了后者的不足，考虑了湍能经历效应（对流）及混合效应（扩散），因而更为合理。但是，要用单方程模型封闭，必须预先给定 l 的表达式。对简单流动，如边界层及射流，自然可以给出 l 的表达式，不过这时用混合长度模型就足够了，无须用单方程模型。对复杂流动，难以给定 l 的表达式，即便用很复杂的式子，也无通用性，因此单方程模型很难得到推广应用。尽管目前仍有人应用这一模型，但总的来说，可以把单方程模型看成湍流模型演化发展过程中的中间产物，其最终结果是导致双方程模型和更高级模型的诞生和应用。

3. 标准 $k\text{-}\varepsilon$ 双方程模型

通过对单方程模型的分析可知，尽管它引入了一个湍流脉动能方程，但仍没有使湍流运动微分方程组真正封闭，它还需要引用普朗特混合长度 l 的表达式才能使方程组封闭，而且对于一些复杂的有回流区的湍流运动，l 的数值很难由实验确定。所以，研究者在单方程模型的基础上，提出再增加一个方程来使方程得以完全封闭，所得的模型称为双方程模型。目前工程中得到广泛应用的是 $k\text{-}\varepsilon$ 双方程模型。

$k\text{-}\varepsilon$ 双方程模型中的 k 方程仍是单方程模型中的 k 方程，即式（2.1-21），在此式中引入组合量 $\varepsilon=k^{3/2}/l$ 后，其方程可改写成

$$\frac{\partial k}{\partial t}+\frac{\partial}{\partial x_j}(k\overline{V}_j)=\frac{\partial}{\partial x_j}\left[\left(\nu+\frac{\nu_t}{\sigma_k}\right)\frac{\partial k}{\partial x_j}\right]-G_k-\varepsilon \tag{2.1-24}$$

如果将 N-S 方程（2.1-10a）两边对 x_l 偏微分，然后乘以因子 $2\nu\,\partial v_j/\partial x_l$，再对所得式进行时均运算，可得到湍流能耗率 ε 的微分方程

$$\frac{\partial\varepsilon}{\partial t}+\frac{\partial}{\partial x_k}(\overline{V}_k\varepsilon)=\underbrace{-2\nu\left[\frac{\partial\overline{V}_k}{\partial x_l}\left(\overline{\frac{\partial v_j}{\partial x_l}\frac{\partial v_j}{\partial x_k}}\right)+\frac{\partial\overline{V}_j}{\partial x_k}\left(\overline{\frac{\partial v_j}{\partial x_l}\frac{\partial v_k}{\partial x_l}}\right)+\overline{\frac{\partial v_j}{\partial x_l}\frac{\partial v_k}{\partial x_l}\frac{\partial v_j}{\partial x_k}}+\frac{\partial^2\overline{V}_j}{\partial x_l\partial x_l}\left(\overline{v_k\frac{\partial v_j}{\partial x_l}}\right)\right]}_{(1)}-$$

$$\underbrace{2\rho\nu^2\overline{\left(\frac{\partial^2 v_i}{\partial x_j\partial x_l}\right)^2}}_{(2)}-\underbrace{\nu\left\{\frac{\partial}{\partial x_j}\left[\overline{v_j\left(\frac{\partial v_i}{\partial x_l}\frac{\partial v_i}{\partial x_l}\right)}-\frac{\partial\varepsilon}{\partial x_j}\right]-2\frac{\partial}{\partial x_i}\overline{\left(\frac{\partial v_i}{\partial x_l}\frac{\partial p}{\partial x_l}\right)}\right\}}_{(3)}$$

$$\tag{2.1-25}$$

其中

$$\varepsilon=\nu\overline{\left(\frac{\partial v_i}{\partial x_l}\frac{\partial v_i}{\partial x_l}\right)}$$

式中：下标 i、j、k、l 为张量坐标；第（1）项为 ε 生成项；第（2）项为 ε 耗散项；第（3）项为 ε 扩散项。

可以看出，式（2.1-25）仍是不封闭的，反而引入了更多的未知量，因此应该对此式中的各项进行数量级比较和假定一些关系，进而使方程得到封闭。经模化后所得到的能耗率 ε 的微分方程可写成

$$\frac{\partial\varepsilon}{\partial t}+\frac{\partial}{\partial x_j}(\varepsilon\overline{V}_j)=\frac{\partial}{\partial x_j}\left[\left(\nu+\frac{\nu_t}{\sigma_\varepsilon}\right)\frac{\partial\varepsilon}{\partial x_j}\right]+\frac{\varepsilon}{k}(C_1 G_k-C_2\varepsilon) \tag{2.1-26}$$

其中

$$\sigma_\varepsilon=\frac{\kappa^2}{(C_2-C_1)\sqrt{C_\mu}}$$

$$C_1=1.44,\quad C_2=1.92$$

式中：σ_ε 为能耗率扩散的普朗特数；k 为卡尔曼（Karman）常数，$k=0.41$。

对湍流运动应用了 $k-\varepsilon$ 双方程后，湍流运动微分方程式得到封闭

$$\begin{cases} \dfrac{\partial \overline{V}_i}{\partial x_i}=0 \\[2mm] \dfrac{\partial \overline{V}_i}{\partial t}+\dfrac{\partial}{\partial x_j}(\overline{V}_i\overline{V}_j)=-\dfrac{1}{\rho}\dfrac{\partial \overline{P}}{\partial x_i}+\dfrac{\partial}{\partial x_j}\left[(\nu+\nu_t)\dfrac{\partial \overline{V}_i}{\partial x_j}\right]+g_i \\[2mm] \dfrac{\partial k}{\partial t}+\dfrac{\partial}{\partial x_j}(k\overline{V}_j)=\dfrac{\partial}{\partial x_j}\left[\left(\nu+\dfrac{\nu_t}{\sigma_k}\right)\dfrac{\partial k}{\partial x_j}\right]+G_k-\varepsilon \\[2mm] \dfrac{\partial \varepsilon}{\partial t}+\dfrac{\partial}{\partial x_j}(\varepsilon\overline{V}_j)=\dfrac{\partial}{\partial x_j}\left[\left(\nu+\dfrac{\nu_t}{\sigma_\varepsilon}\right)\dfrac{\partial \varepsilon}{\partial x_j}\right]+\dfrac{\varepsilon}{k}(C_1G_k-C_2\varepsilon) \end{cases} \quad (2.1-27)$$

其中

$$\nu_t=C_\mu\dfrac{k^2}{\varepsilon},\; G_k=\nu_t\left(\dfrac{\partial \overline{V}_i}{\partial x_j}+\dfrac{\partial \overline{V}_j}{\partial x_i}\right)\dfrac{\partial \overline{V}_i}{\partial x_j}$$

$C_\mu=0.09$，$C_1=1.44$，$C_2=1.92$，$\sigma_k=1.0$，$\sigma_\varepsilon=1.3$。

式（2.1-27）可写成通用的微分方程形式（并省略平均符号 "—"）：

$$\dfrac{\partial \Phi}{\partial t}+\dfrac{\partial}{\partial x_j}(V_j\Phi)=\dfrac{\partial}{\partial x_j}\left(\Gamma_\Phi\dfrac{\partial \Phi}{\partial x_j}\right)+S_\Phi \quad (2.1-28)$$

式中：Φ 为通用变量；Γ_Φ 为输运系数；S_Φ 为源项。

对于轴对称旋转流动的通用微分方程表示成圆柱坐标形式：

$$\dfrac{\partial \Phi}{\partial t}+\dfrac{1}{t}\left[\dfrac{\partial}{\partial z}(rV_z\Phi)+\dfrac{\partial}{\partial r}(rV_r\Phi)\right]=\dfrac{1}{r}\left[\dfrac{\partial}{\partial z}\left(\Gamma_\Phi\dfrac{\partial \Phi}{\partial z}\right)+\dfrac{\partial}{\partial r}\left(r\Gamma_\Phi\dfrac{\partial \Phi}{\partial r}\right)\right]+S_\Phi$$

$$(2.1-29)$$

表 2.1-1 给出了式（2.1-29）中的 Φ、Γ_Φ、S_Φ。

表 2.1-1　　　　　　　　轴对称旋转流动通用微分方程中的 Φ，Γ_Φ，S_Φ

方程	Φ	Γ_Φ	S_Φ
连续方程	1	0	0
径向动量方程	r	ν_{eff}	$-\dfrac{1}{\rho}\dfrac{\partial P}{\partial r}+\dfrac{\partial}{\partial z}\left(\nu_{eff}\dfrac{\partial V_z}{\partial r}\right)+\dfrac{1}{r}\dfrac{\partial}{\partial r}\left(r\nu_{eff}\dfrac{\partial V_r}{\partial r}\right)+\dfrac{1}{r}(V_\theta+\omega r)^2-\dfrac{2\nu_{eff}}{r}\dfrac{V_r}{r}$
周向动量方程	θ	ν_{eff}	$-\dfrac{V_\theta}{r^2}\dfrac{\partial}{\partial r}(r\nu_{eff})-\dfrac{1}{r}V_r(V_\theta+2\omega r)$
轴向动量方程	z	ν_{eff}	$-\dfrac{1}{\rho}\dfrac{\partial P}{\partial z}+\dfrac{\partial}{\partial z}\left(\nu_{eff}\dfrac{\partial V_z}{\partial z}\right)+\dfrac{1}{r}\dfrac{\partial}{\partial r}\left(r\nu_{eff}\dfrac{\partial V_r}{\partial z}\right)$
湍动能方程	k	$\nu+\dfrac{\nu_t}{\sigma_k}$	$G_k-\varepsilon$
能耗率方程	ε	$\nu+\dfrac{\nu_t}{\sigma_\varepsilon}$	$\dfrac{\varepsilon}{k}(C_1G_k-C_2\varepsilon)$

注　$G_k=\nu_t\left\{2\left[\left(\dfrac{\partial V_z}{\partial z}\right)^2+\left(\dfrac{\partial V_r}{\partial r}\right)^2+\left(\dfrac{V_r}{r}\right)^2\right]+\left(\dfrac{\partial V_z}{\partial r}+\dfrac{\partial V_r}{\partial z}\right)^2+\left[r\dfrac{\partial}{\partial r}\left(\dfrac{V_\theta}{r}\right)\right]^2+\left(\dfrac{\partial V_\theta}{\partial z}\right)^2\right\}$；$\nu_{eff}$ 为有效运动黏性系数，$\nu_{eff}=\nu+\nu_t$。

式（2.1-28）即为不可压缩流体的标准 $k-\varepsilon$ 双方程模型，多年来已得到广泛的应用。大量的预测及其与不同实验结果的对照表明，$k-\varepsilon$ 双方程模型可以完全或基本上成功地用于平面射流、平壁边界层、管流、通道流、无旋及弱旋的回流流动等。

2.1.3.2 改进湍流模型的对比分析

实际上，$k-\varepsilon$ 双方程模型对强旋流、低雷诺数流动等流动的模拟也会遇到较大的困难，因此，目前已存在修正或改进后的 $k-\varepsilon$ 双方程模型及其他湍流模型（如雷诺应力模型等），这些模型有相似的形式，也有不同点，见表 2.1-2。

表 2.1-2　　　　　　　　　　　改进湍流模型的对比分析

湍流模型	模型特征描述	模型适用场合
单方程 (Spalart - Allmaras) 模型	是直接求解修正的湍流黏性的单方程模型，主要用于气动和封闭腔内流动，可以选择包括湍动能产生项的应变率以提高对涡流的模拟精度	对大规模网格，计算较经济；对三维流、自由剪切流、强分离流模拟较差，适合不太复杂的流动（准二维），如翼型、机翼、机身、导弹、船身等
标准 $k-\varepsilon$ 模型	是求解 k 和 ε 最简单的双方程模型，模型系数通过试验拟合得到，适合完全湍流、逆压梯度较低的流动	稳定性好，尽管有缺陷，但使用仍很广泛。对包括严重压力梯度、分离、强曲率流模拟较差，适合初始迭代、预研阶段、参数研究
重整化群（RNG）$k-\varepsilon$ 模型	是标准 $k-\varepsilon$ 模型的修正模型，方程和系数是分析得到，主要修正了 ε 方程以提高强应变流动的模拟精度，附加的选项能帮助模拟漩涡流和低雷诺数流动	适合包括快速应变的复杂剪切流、中等漩涡流动、局部转捩流（如边界层分离、钝体尾迹涡、大角度失速、房间通风等）
可实现（Realizable）$k-\varepsilon$ 模型	是标准 $k-\varepsilon$ 模型的修正模型，为湍流黏性增加了一个公式（标准 $k-\varepsilon$ 模型中为常值），涡耗散率的输运方程从精确的流动方程推导得到	应用范围类似重整化群 $k-\varepsilon$ 模型，对旋转流动、强逆压梯度的边界层流动、流动分离和二次流更精确和更易收敛
标准 $k-\omega$ 模型	是求解 k 和 ω 的标准两方程模型，对封闭腔流动和低雷诺数流动有优势，可以选择包括转捩、自由剪切、压缩流动	对封闭腔内边界层、自由剪切流、低雷诺数流模拟较好，适合有反向压力梯度和分离的复杂边界层（外气动和旋转机械），可用于转捩流动。一般预测的分离点过早
剪切应力输运（SST）$k-\omega$ 模型	是标准 $k-\omega$ 模型的修正模型，通过使用混合函数，在近壁面处使用 $k-\omega$ 模型，其他区域使用 $k-\varepsilon$ 模型。通过限制湍流黏性确保建立涡黏度与湍动能的关系，包括转捩和剪切流选项，不包括压缩性选项	优势类似于标准 $k-\omega$ 模型，由于对壁面距离的敏感，不太适合自由剪切流
雷诺应力模型（RSM）	是直接求解输运方程的模型，克服了其他模型的各向同性黏性的缺陷，用于高旋流。对可以选择适用剪切流的应力—应变的二次关系式流动	最可靠的雷诺平均方法模型，克服了涡黏模型的各向同性假设。需要更多的 CPU 时间和内存，由于方程间的强耦合性，收敛稍差。适合复杂三维流动、强旋流等，如旋流燃烧器、旋风分离器等
显式代数应力（EARS）模型	是将各向异性的影响合并到雷诺应力中进行计算的模型，是一种经济算法，可以看成是对 $k-\omega$ 模型的某种扩展	可以较好地捕捉二次流，尤其适用于流线曲率较大或旋转系统的流动计算。在剪切层位置模拟结果和实验数据的比较，比 $k-\omega$ 模型更准确地反映回流区分离涡的分离流动

2.2　固液两相流动基本方程

2.2.1　固液两相流动基本运动方程

从固液两相流动瞬时变量的基本运动方程出发，可写出以下方程。

液相连续方程：

$$\frac{\partial \phi_f}{\partial t} + \frac{\partial (\phi_f V_{fi})}{\partial x_i} = 0 \tag{2.2-1}$$

固相连续方程：

$$\frac{\partial \phi_p}{\partial t} + \frac{\partial (\phi_p V_{pi})}{\partial x_i} = 0 \tag{2.2-2}$$

液相动量方程：

$$\frac{\partial}{\partial t}(\phi_f V_{fi}) + \frac{\partial}{\partial x_k}(\phi_f V_{fi} V_{fk}) = -\frac{1}{\rho_f}\phi_f \frac{\partial P}{\partial x_i} + \nu_f \frac{\partial}{\partial x_k}\left[\phi_f\left(\frac{\partial V_{fi}}{\partial x_k} + \frac{\partial V_{fk}}{\partial x_i}\right)\right] - \frac{B}{\rho_f}\phi_f \phi_p (V_{fi} - V_{pi}) + \phi_f g_i \tag{2.2-3a}$$

$$\frac{\partial}{\partial t}(\phi_f V_{fj}) + \frac{\partial}{\partial x_k}(\phi_f V_{fj} V_{fk}) = -\frac{1}{\rho_f}\phi_f \frac{\partial P}{\partial x_j} + \nu_f \frac{\partial}{\partial x_k}\left[\phi_f\left(\frac{\partial V_{fj}}{\partial x_k} + \frac{\partial V_{fk}}{\partial x_j}\right)\right] - \frac{B}{\rho_f}\phi_f \phi_p (V_{fj} - V_{pj}) + g_j \tag{2.2-3b}$$

固相动量方程：

$$\frac{\partial}{\partial t}(\phi_p V_{pi}) + \frac{\partial}{\partial x_k}(\phi_p V_{pi} V_{pk}) = -\frac{1}{\rho_p}\phi_p \frac{\partial P}{\partial x_i} + \nu_p \frac{\partial}{\partial x_k}\left[\phi_p\left(\frac{\partial V_{pi}}{\partial x_k} + \frac{\partial V_{pk}}{\partial x_i}\right)\right] - \frac{B}{\rho_p}\phi_p \phi_f (V_{pi} - V_{fi}) + \phi_p g_i \tag{2.2-4}$$

其中
$$B = 18(1+B_0)\rho_f \nu_f / d_p^2, \phi_p + \phi_f - 1$$

式中：V 为速度；ρ 为材质密度；ν 为材质黏性系数；ϕ 为体积分数；P 为压强；g 为重力加速度；x 为坐标；B 为相间作用系数；d_p 为颗粒直径；B_0 项的引入是为了考虑除斯托克斯（Stokes）线性阻力作用外的其他作用因素，如虚拟质量力、Saffman 升力以及 Magnus 升力等，一般情况下，B_0 不为常数，它与颗粒雷诺数等流动参数有关，这里暂假设为常数；下标 f 和 p 分别表示液相和固相；下标 i、j、k 为张量坐标。

2.2.2　颗粒运动拉格朗日方程（模型）

颗粒悬浮于流场中的两相流动，其主要特征是颗粒与流体的相互作用。颗粒运动过程中所受到的这些作用力就决定了颗粒的运动。颗粒的受力不仅可在很宽的范围内变化，而且力的种类、数量也因流动形态、流场结构的不同有所区别。一般流场中的运动颗粒，其主要受力有黏性阻力、压强梯度力、虚拟质量力、Basset 力、Magnus 升力、Saffman 升力、重力等。由这些力所建立的拉格朗日颗粒运动方程，可通过一些数学处理以及简化得到其解析通解。

2.2.2.1　任意流场中颗粒运动的受力分析

1. 黏性阻力

牛顿对在黏性流体中作定常运动的球体所受的阻力进行了研究。若定义颗粒相对于流

体的速度 W_p 为

$$W_{pi}=V_{pi}-V_{fi} \qquad (2.2-5)$$

在球体相对速度 W_p 较高的情况下，牛顿的实验给出流体作用于球体上的阻力大小为

$$F_{Di}=0.22\pi r_p^2\rho_f\mid\overrightarrow{V}_f-\overrightarrow{V}_p\mid(V_{fi}-V_{pi})=-0.22\pi r_p^2\rho_f\mid\overrightarrow{W}_p\mid W_{pi} \qquad (2.2-6)$$

式中：r_p 为颗粒半径。

阻力计算公式（2.2-6）适用于 $700<Re_p<2\times10^5$ 的情况，其中 Re_p 是以颗粒相对于流体的速度为基础的雷诺数，即颗粒雷诺数，表达式为

$$Re_p=\mid\overrightarrow{V}_p-\overrightarrow{V}_f\mid(2r_p)/\nu_f=\mid\overrightarrow{W}_p\mid(2r_p)/\nu_f \qquad (2.2-7)$$

式中：ν_f 为流体运动黏性系数。

斯托克斯认为在相对速度较低时，惯性作用可在流体绕流颗粒的运动方程中略去，球体周围为一对称流场，则其综合阻力为

$$F_{Di}=6\pi r_p\nu_f\rho_f(V_{fi}-V_{pi})=-6\pi r_p\nu_f\rho_f W_{pi} \qquad (2.2-8)$$

此阻力 F_D 是由 2/3 的摩擦阻力和 1/3 的压差阻力（或称形体阻力）组成的，它适用于 $Re_p<1$ 的情况。

在实际的两相流中，颗粒的阻力大小受到许多因素的影响，它不但和颗粒雷诺数 Re_p 有关，而且还与流体的湍流运动、流体的可压缩性、流体的温度和颗粒的温度不同、颗粒的形状、壁面的存在和颗粒群的浓度等因素有关，因此，颗粒的阻力很难用统一的形式表达。为方便研究，现引入阻力系数 C_D 的概念，定义为

$$C_D=\frac{-F_D}{A_a\left(\dfrac{1}{2}\rho_f\mid\overrightarrow{W}_p\mid W_p\right)} \qquad (2.2-9)$$

式中：A_a 为颗粒受阻面积，对于球体 $A_a=\pi r_p^2$，这样，颗粒的阻力就可表示成

$$F_{Di}=-C_D A_a\left(\frac{1}{2}\rho_f\mid\overrightarrow{W}_p\mid W_{pi}\right)=C_D A_a\left[\frac{1}{2}\rho_f\mid\overrightarrow{V}_f-\overrightarrow{V}_p\mid(V_{fi}-V_{pi})\right] \qquad (2.2-10)$$

对于牛顿关系式（2.2-6），$C_D=0.44$；对于斯托克斯公式（2.2-8），$C_D=24/Re_p$。

2. 压强梯度力

颗粒在有压强梯度的流场中运动时，由于压强梯度的存在而受到的流体作用称为压强梯度力。作用在颗粒上的压强梯度力为

$$F_{pi}=-\frac{4}{3}\pi r_p^3\frac{\partial P}{\partial x_i}=-m_f\frac{1}{\rho_f}\frac{\partial P}{\partial x_i} \qquad (2.2-11)$$

式中：m_f 为等效颗粒体积的流体质量。

压强梯度力的方向与流场中压强梯度的方向相反，静止流体中的颗粒压强梯度力即为颗粒所受的浮力。

3. 虚拟质量力

虚拟质量力是由于颗粒加速运动引起颗粒表面上压强分布不对称而形成的。当球形颗粒在静止、不可压缩、无限大、无黏性流体中作匀速运动时，颗粒所受的阻力为 0，但当颗粒在无黏性流体中作加速运动时，它要引起周围流体作加速运动（这不是由于流体黏性作用的带动，而是由于颗粒推动流体运动），由于流体有惯性，表现为对颗粒有一个反作

用力。

如果流体以瞬时速度 V_f 运动，颗粒的瞬时速度为 V_p，则颗粒受到的虚拟质量力为

$$F_{vmi} = \frac{1}{2} m_f \left(\frac{dV_{fi}}{dt} - \frac{dV_{pi}}{dt} \right) \tag{2.2-12}$$

从式（2.2-12）可知，理论上的虚拟质量力在数值上等于等效颗粒体积的流体质量附在颗粒上作加速运动时的惯性力的一半。实验表明，实际的虚拟质量力比其理论值大，因此引入一个经验系数 K_m，则虚拟质量力的一般表达式为

$$F_{vmi} = K_m m_f \left(\frac{dV_{fi}}{dt} - \frac{dV_{pi}}{dt} \right) \tag{2.2-13}$$

Odar 所做的实验进一步指出，经验系数 K_m 依赖于加速度模数 A_C，其经验式为

$$K_m = 0.5 - \frac{0.06}{A_C^2 + 0.12}, A_C = \frac{1}{2r_p} \frac{|\vec{V_f} - \vec{V_p}|^2}{\left| \dfrac{d\vec{V_f}}{dt} - \dfrac{d\vec{V_p}}{dt} \right|} \tag{2.2-14}$$

4. Basset 力

当颗粒在黏性流体中作变速运动时，颗粒附面层的影响将带着一部分流体运动，由于流体有惯性，当颗粒加速时，它不能立即加速；当颗粒减速时，它不能立即减速。这样，由于颗粒表面的附面层不稳定使颗粒受一个随时间变化的流体作用力，而且与颗粒加速历程有关，Basset 于 1988 年提出了此力。

当颗粒以较小的相对速度在场中运动时，即颗粒雷诺数很小时，流体作用于颗粒的力为

$$F_{Bi} = \underbrace{6\pi \nu_f \rho_f r_p (V_{fi} - V_{pi})}_{(1)} + \underbrace{\frac{2}{3} \pi r_p^3 \rho_f \left(\frac{dV_{fi}}{dt} - \frac{dV_{pi}}{dt} \right)}_{(2)} + \underbrace{6\pi r_p^2 \rho_r \sqrt{\frac{\nu_f}{\pi}} \int_{-\infty}^{t} \frac{\dfrac{dV_{fi}}{d\tau} - \dfrac{dV_{pi}}{d\tau}}{\sqrt{t - \tau}} d\tau}_{(3)}$$

$$\tag{2.2-15}$$

上式中的第（1）、（2）项分别为前面所讨论过的斯托克斯黏性阻力和虚拟质量力，第（3）项为 Basset 力，即

$$F_{Bi} = 6\pi r_p^2 \rho_f \sqrt{\frac{\nu_f}{\pi}} \int_{-\infty}^{t} \frac{\dfrac{dV_{fi}}{d\tau} - \dfrac{dV_{pi}}{d\tau}}{\sqrt{t - \tau}} d\tau \tag{2.2-16}$$

Basset 力只发生在黏性流体中，并与流动的不稳定性有关。Odar 进行的实验研究指出，Basset 力同样也依赖于加速度模数 A_C，可将式（2.2-16）写成

$$F_{Bi} = K_B \pi r_p^2 \rho_f \sqrt{\frac{\nu_f}{\pi}} \int_{-\infty}^{t} \frac{\dfrac{dV_{fi}}{d\tau} - \dfrac{dV_{pi}}{d\tau}}{\sqrt{t - \tau}} d\tau \tag{2.2-17}$$

K_B 有经验关系式

$$K_B = 2.88 + \frac{3.12}{(A_C + 1)^3} \tag{2.2-18}$$

颗粒运动过程中的 Basset 力项是一奇异积分项，由于其表达式的复杂性给颗粒运动

求解带来了很大的困难，因此，大多数研究者常忽略此力对颗粒运动的影响。实际上对于颗粒在非定常流动中的运动，Basset 力表现出相当重要的作用。因此目前对 Basset 力的研究非常重视，对 Basset 力的研究得到以下结果：

（1）Basset 力随时间的变化。

$$F_B \leqslant 12\pi r_p^2 \rho_f \sqrt{\frac{\nu_f}{\pi}} W_{p\max} \frac{1}{\sqrt{t}} \qquad (2.2-19)$$

$W_{p\max}$ 定义为 $\max|\overrightarrow{W}_p(\tau) - \overrightarrow{W}_p(0)|$，$\tau = -\infty \sim t$，可知 Basset 力随着时间增长，其值减小，并与 $\sqrt{t}$ 成反比。

（2）忽略 Basset 力的流动条件。

1）非定常气流中的固体颗粒运动，可不计 Basset 力的影响。

2）颗粒在非定常水流中运动，一般颗粒直径小于 0.05mm 时，可不计 Basset 力的影响。

5. Magnus 升力和 Saffman 升力

当颗粒在有横向速度的管道中运动时，实验发现：颗粒趋于集中在离管轴约 0.6 倍管径的区域内。这表明作用在颗粒上的力有横向力，经研究得知，作用在颗粒上有两种横向力，即 Magnus 升力和 Saffman 升力。

颗粒在有速度梯度的流场中运动时，由于冲刷颗粒表面的速度不均匀，颗粒将受到一个剪切转矩的作用而发生旋转，非球形颗粒在碰壁之后，也会发生旋转，Rubinow 和 Keller 给出了流场中边运动边旋转颗粒所受的 Magnus 升力计算公式

$$F_{mi} = \pi r_p^3 \rho_f \Omega_i \times (V_{fi} - V_{pi}) = \frac{3}{4} m_f \Omega_i \times (V_{fi} - V_{pi}) \qquad (2.2-20)$$

其中

$$\Omega_i = \omega_{pi} - \frac{1}{2}\nabla \times V_{fi}$$

式中：ω_p 为颗粒自身旋转角速度。

由于影响颗粒旋转的因素很复杂，在理论上要得到一个适用的 Magnus 升力计算式很困难，在此引入经验系数 C_M，从而可得

$$F_{mi} = \frac{3}{4} C_M m_f \Omega_i \times (V_{fi} - V_{pi})$$

$$= \frac{3}{8} C_M m_f \left[(V_{fj} - V_{pj}) \left(\frac{\partial V_{fj}}{\partial x_i} - \frac{\partial V_{fi}}{\partial x_j} + 2\omega_{pk} \right) + (V_{fk} - V_{pk}) \left(\frac{\partial V_{fk}}{\partial x_i} - \frac{\partial V_{fi}}{\partial x_k} + 2\omega_{pj} \right) \right]$$

$$(2.2-21)$$

激光全息研究结果表明，在流场中大部分地区的颗粒受流体黏性的制约并不旋转，因而除近壁区外，Magnus 升力是不重要的。

颗粒在有横向速度梯度的流场中运动时，即使不旋转也将会产生一个垂直于颗粒与流体相对速度方向的横向升力，即 Saffman 升力。当颗粒以低速度 V_p 沿流线通过简单剪切无限流场时，所受横向 Saffman 升力为

$$F_{Si} = K_S 4 r_p^2 \rho_f \left| \nu_f \frac{\partial V_{fj}}{\partial x_i} \right|^{\frac{1}{2}} (V_{fj} - V_{pj}) \operatorname{sgn}\left(\frac{\partial V_{fj}}{\partial x_i} \right) \qquad (2.2-22)$$

其中，sgn 为符号函数，即 sgn（x）＝1，$x \geqslant 0$；sgn（x）＝－1，$x < 0$。

F_{Si} 是滑移（即相对运动）和剪切联合作用的结果，故又称滑移-剪切升力，该升力的特点是：当 $V_{px} < V_{fx}$ 时，此力的方向为 y 的正向；当 $V_{px} > V_{fx}$ 时，方向为 y 的负向。当颗粒雷诺数很小（$Re_p < 1$）时，K_S 从数值积分得到（1.615），高雷诺数下，K_S 将进行修正。可看出 Saffman 升力是与流场的速度梯度有关的一项力，一般在速度梯度较小的主流区，此升力可忽略；但在边界层流动中，此升力的作用表现得非常突出。

6. 重力

颗粒所受的重力 F_{gi} 为

$$F_{gi} = \frac{4}{3} \pi r_p^3 \rho_p g_i = m_p g_i \qquad (2.2-23)$$

式中：g 为重力加速度。

2.2.2.2　拉格朗日颗粒运动方程（模型）

假设颗粒在运动过程中形状不变且无相变，即颗粒只存在质心运动，根据颗粒运动的主要受力分析，利用牛顿第二定律，就可建立颗粒运动的拉格朗日方程（模型）：

$$
\begin{aligned}
m_p \frac{dV_{pi}}{dt} &= F_{Di} + F_{Bi} + F_{vmi} + F_{Si} + F_{mi} + F_{pi} + F_{gi} \\
&= C_D \frac{1}{2} \pi r_p^2 \rho_f \mid \overrightarrow{V}_f - \overrightarrow{V}_p \mid (V_{fi} - V_{pi}) + K_B \pi r_p^2 \rho_f \sqrt{\frac{\nu_f}{\pi}} \int_{-\infty}^{t} \left(\frac{dV_{fi}}{d\tau} - \frac{dV_{pi}}{d\tau} \right) \frac{d\tau}{\sqrt{t-\tau}} + \\
&\quad K_m m_f \left(\frac{dV_{fi}}{dt} - \frac{dV_{pi}}{dt} \right) + K_S 4 r_p^2 \rho_f \left| \nu_f \frac{\partial V_{fj}}{\partial x_i} \right|^{\frac{1}{2}} (V_{fj} - V_{pj}) \, \mathrm{sgn} \left(\frac{\partial V_{fj}}{\partial x_i} \right) + \\
&\quad \frac{3}{4} C_M m_f \Omega_i \times (V_{fi} - V_{pi}) - m_f \frac{1}{\rho_f} \frac{\partial P}{\partial x_i} + m_p g_i
\end{aligned}
\qquad (2.2-24)
$$

整理式（2.2－24）可得到

$$
\begin{aligned}
\frac{dV_{pi}}{dt} &= \frac{1}{K_m + \bar{\rho}} \Bigg[\frac{3}{8 r_p} C_D \mid \overrightarrow{V}_f - \overrightarrow{V}_p \mid (V_{fi} - V_{pi}) + \frac{3}{4 r_p} K_B \sqrt{\frac{\nu_f}{\pi}} \int_{-\infty}^{t} \left(\frac{dV_{fi}}{d\tau} - \frac{dV_{pi}}{d\tau} \right) \frac{d\tau}{\sqrt{t-\tau}} + \\
&\quad \frac{3}{\pi r_p} K_S \left| \nu_f \frac{\partial V_{fj}}{\partial x_i} \right|^{\frac{1}{2}} (V_{fj} - V_{pj}) \, \mathrm{sgn} \left(\frac{\partial V_{fj}}{\partial x_i} \right) + \frac{3}{4} C_M \Omega_i \times (V_{fi} - V_{pi}) + \\
&\quad K_m \frac{dV_{fi}}{dt} - \frac{1}{\rho_f} \frac{\partial P}{\partial x_i} + \bar{\rho} g_i \Bigg]
\end{aligned}
\qquad (2.2-25)
$$

式中：$\bar{\rho}$ 为颗粒密度 ρ_p 与流体密度 ρ_f 的比值。

对于不可压缩流体的流场，其流体运动的 N－S 方程为

$$\frac{DV_{fi}}{Dt} = -\frac{1}{\rho_f} \frac{\partial P}{\partial x_i} + \nu_f \nabla^2 V_{fi} + g_i \qquad (2.2-26)$$

其中

$$\frac{D}{Dt} = \frac{\partial}{\partial t} + V_{fj} \frac{\partial}{\partial x_j}, \quad \frac{d}{dt} = \frac{\partial}{\partial t} + V_{pj} \frac{\partial}{\partial x_j}$$

这样颗粒质心运动方程（2.2－25）的另一种形式就可表示为

$$
\frac{dV_{pi}}{dt} = \frac{1}{K_m + \bar{\rho}} \Bigg[\frac{3}{8 r_p} C_D \mid \overrightarrow{V}_f - \overrightarrow{V}_p \mid (V_{fi} - V_{pi}) + \frac{3}{4 r_p} K_B \sqrt{\frac{\nu_f}{\pi}} \int_{-\infty}^{t} \left(\frac{dV_{fi}}{d\tau} - \frac{dV_{pi}}{d\tau} \right) \frac{d\tau}{\sqrt{t-\tau}} +
$$

$$\frac{3}{\pi r_p} K_S \left| \nu_f \frac{\partial V_{fj}}{\partial x_i} \right|^{\frac{1}{2}} (V_{fj} - V_{pj}) \mathrm{sgn}\left(\frac{\partial V_{fj}}{\partial x_i}\right) + \frac{3}{4} C_M \Omega_i \times (V_{fi} - V_{pi}) +$$

$$K_m \frac{\mathrm{d}V_{fi}}{\mathrm{d}t} + \frac{\mathrm{D}V_{fi}}{\mathrm{D}t} - \nu_f \nabla^2 V_{fi} - (1 - \bar{\rho}) g_i \Bigg] \tag{2.2-27}$$

对旋转流场中的颗粒运动，一般将颗粒运动式（2.2-25）转换到柱坐标系（r，θ，z）下求解，对于旋转角速度为 $\vec{\omega} = \omega_z = \omega$ 的旋转流场，可写出

$$\frac{\mathrm{d}\vec{V}}{\mathrm{d}t} = \frac{\mathrm{d}\vec{W}}{\mathrm{d}t} - \omega^2 \vec{r} + 2\vec{\omega} \times \vec{W} \tag{2.2-28}$$

由于 $V_{fi} - V_{pi} = W_i - W_{pi}$，这样颗粒相对运动拉格朗日方程（模型）在柱坐标系下可表示成

$$\frac{\mathrm{d}W_{pr}}{\mathrm{d}t} = \frac{1}{K_m + \bar{\rho}} \Bigg[\frac{3}{8r_p} C_D |\vec{W} - \vec{W}_p| (W_r - W_{pr}) + F_r + K_m \frac{\mathrm{d}W_r}{\mathrm{d}t} -$$

$$K_m \left(\frac{W_\theta^2}{r} + 2\omega W_\theta + \omega^2 r \right) - \frac{1}{\rho_f} \frac{\partial P}{\partial r} + \bar{\rho} g_r \Bigg] + \frac{W_{p\theta}^2}{2} + 2\omega W_{p\theta} + \omega^2 r \tag{2.2-29a}$$

$$\frac{\mathrm{d}W_{p\theta}}{\mathrm{d}t} = \frac{1}{K_m + \bar{\rho}} \Bigg[\frac{3}{8r_p} C_D |\vec{W} - \vec{W}_p| (W_\theta - W_{p\theta}) + F_\theta + K_m \frac{\mathrm{d}W_\theta}{\mathrm{d}t} +$$

$$K_m \left(\frac{W_r W_\theta}{r} + 2\omega W_r \right) - \frac{1}{\rho_f r} \frac{\partial P}{\partial \theta} + \bar{\rho} g_\theta \Bigg] - \frac{W_{pr} W_{p\theta}}{r} - 2\omega W_{pr} \tag{2.2-29b}$$

$$\frac{\mathrm{d}W_{pz}}{\mathrm{d}t} = \frac{1}{K_m + \bar{\rho}} \Bigg[\frac{3}{8r_p} C_D |\vec{W} - \vec{W}_p| (W_z - W_{pz}) + F_z + K_m \frac{\mathrm{d}W_z}{\mathrm{d}t} - \frac{1}{\rho_f} \frac{\partial P}{\partial z} + \bar{\rho} g_z \Bigg]$$

$$\tag{2.2-29c}$$

其中

$$F_i = \frac{3}{4r_p} K_B \sqrt{\frac{\nu_f}{\pi}} \int_{-\infty}^{t} \left(\frac{\mathrm{d}W_i}{\mathrm{d}\tau} - \frac{\mathrm{d}W_{pi}}{\mathrm{d}\tau} \right) \frac{\mathrm{d}\tau}{\sqrt{t - \tau}} +$$

$$\frac{3}{\pi r_p} K_s \left| \nu_f \frac{\partial V_{fj}}{\partial x_i} \right|^{\frac{1}{2}} (W_j - W_{pj}) \mathrm{sgn}\left(\frac{\partial V_{fj}}{\partial x_i}\right) + \frac{3}{4} C_M \Omega_i \times (W_i - W_{pi})$$

对于定常流动，Basset 力 $F_B = 0$，同时如果不考虑边界层，则可取 Magnus 升力 $F_m = 0$。

2.2.3　固液两相流动 k-ε 方程（模型）

2.2.3.1　基本假设

本湍流模型作下列基本假设：

（1）液相为不可压缩流体，固相为连续流体，每相的物理特性均为常数。

（2）固相的颗粒为球形，且尺寸均匀。

（3）不考虑相变。

2.2.3.2　固液两相流动平均运动方程

描述湍流运动的一般方法是将瞬时变量分解成平均和脉动两部分来处理，即定义：

$$V = \bar{V} + v, \quad P = \bar{P} + p, \quad \phi = \bar{\phi} + \varphi \tag{2.2-30}$$

式中：V、P、ϕ 为瞬时量；v、p、φ 表示脉动量；带符号"—"的变量为平均值。

将式（2.2-30）代入式（2.2-1）～式（2.2-4），并考虑到脉动量的平均值为0，即

可得到固液两相流平均运动方程。

液相平均连续方程：

$$\frac{\partial \overline{\phi}_f}{\partial t} + \frac{\partial}{\partial x_i}(\overline{\phi}_f \overline{V}_{fi} + \overline{\varphi_f v_{fi}}) = 0 \tag{2.2-31}$$

固相平均连续方程：

$$\frac{\partial \overline{\phi}_p}{\partial t} + \frac{\partial}{\partial x_i}(\overline{\phi}_p \overline{V}_{pi} + \overline{\varphi_p v_{pi}}) = 0 \tag{2.2-32}$$

液相平均动量方程：

$$\frac{\partial}{\partial t}(\overline{\phi}_f \overline{V}_{fi} + \overline{\varphi_f v_{fi}}) + \frac{\partial}{\partial x_k}(\overline{\phi}_f \overline{V}_{fi}\overline{V}_{fk} + \overline{\phi}_f \overline{v_{fi}v_{fk}} + \overline{V}_{fi}\overline{\varphi_f v_{fk}} + \overline{V}_{fk}\overline{\varphi_f v_{fi}} + \overline{\varphi_f v_{fi}v_{fk}})$$

$$= -\frac{1}{\rho_f}\left(\overline{\phi}_f\frac{\partial \overline{P}}{\partial x_i} + \overline{\phi_f\frac{\partial p}{\partial x_i}}\right) + \nu_f\frac{\partial}{\partial x_k}\left[\overline{\phi}_f\left(\frac{\partial \overline{V}_{fi}}{\partial x_k} + \frac{\partial \overline{V}_{fk}}{\partial x_i}\right) + \overline{\varphi_f\left(\frac{\partial v_{fi}}{\partial x_k} + \frac{\partial v_{fk}}{\partial x_i}\right)}\right] -$$

$$\frac{B}{\rho_f}\left[\overline{\phi}_f\overline{\phi}_p(\overline{V}_{fi} - \overline{V}_{pi}) + (\overline{\phi}_p - \overline{\phi}_f)\overline{\varphi_f(v_{fi} - v_{pi})} + (\overline{V}_{fi} - \overline{V}_{pi})\overline{\varphi_f\varphi_p} + \overline{\varphi_f\varphi_p(v_{fi} - v_{pi})}\right] + \overline{\phi}_f g_i \tag{2.2-33}$$

固相平均动量方程：

$$\frac{\partial}{\partial t}(\overline{\phi}_p \overline{V}_{pi} + \overline{\varphi_p v_{pi}}) + \frac{\partial}{\partial x_k}(\overline{\phi}_p \overline{V}_{pi}\overline{V}_{pk} + \overline{\phi}_p \overline{v_{pi}v_{pk}} + \overline{V}_{pi}\overline{\varphi_p v_{pk}} + \overline{V}_{pk}\overline{\varphi_p v_{pi}} + \overline{\varphi_p v_{pi}v_{pk}})$$

$$= -\frac{1}{\rho_p}\left(\overline{\phi}_p\frac{\partial \overline{P}}{\partial x_i} + \overline{\phi_p\frac{\partial p}{\partial x_i}}\right) + \nu_p\frac{\partial}{\partial x_k}\left[\overline{\phi}_p\left(\frac{\partial \overline{V}_{pi}}{\partial x_k} + \frac{\partial \overline{V}_{pk}}{\partial x_i}\right) + \overline{\varphi_p\left(\frac{\partial v_{pi}}{\partial x_k} + \frac{\partial \overline{v}_{pk}}{\partial x_i}\right)}\right] -$$

$$\frac{B}{\rho_p}\left[\overline{\phi}_p\overline{\phi}_f(\overline{V}_{pi} - \overline{V}_{fi}) + (\overline{\phi}_f - \overline{\phi}_p)\overline{\varphi_p(v_{pi} - v_{fi})} + (\overline{V}_{pi} - \overline{V}_{fi})\overline{\varphi_p\varphi_f} + \overline{\varphi_p\varphi_f(v_{pi} - v_{fi})}\right] + \overline{\phi}_p g_i \tag{2.2-34}$$

体积分数 ϕ 和 φ 的关系为：$\overline{\phi}_f + \overline{\phi}_p = 1$，$\varphi_f + \varphi_p = 0$。

将式（2.2-3a）乘以 v_{fi} 与式（2.2-3b）乘以 v_{fi} 相加，再进行平均，并令 $j=i$，同时考虑到这时 i 为叠加标，整理即可得到固液两相流湍动能 k 方程。

为了书写简单，约定：$\frac{\partial}{\partial t}() = ()_{,t}$，$\frac{\partial}{\partial x_i}() = ()_{,i}$，$\frac{\partial}{\partial x_i x_j}() = ()_{,ij}$。则有

$$\underbrace{\overline{k\phi}_{f,t} + (\overline{k\overline{\phi}_f})_{,t} + \overline{V}_{fi,t}\overline{\varphi_f v_{fi}} + \overline{V}_{fi}\overline{v_{fi}\varphi_{f,t}} + \overline{v_{fi}(\varphi_f v_{fi})_{,t}}}_{(1)} + \underbrace{\overline{k(\overline{\phi}_f\overline{V}_{fk})_{,k}} + (\overline{k\overline{\phi}_f\overline{V}_{fk}})_{,k}}_{(2)}$$

$$= -\underbrace{[(\overline{\phi}_f\overline{V}_{fi})_{,k}\overline{v_{fi}v_{fk}} + \overline{V}_{fi,k}\overline{\varphi_f v_{fi}v_{fk}}]}_{(3)} - \underbrace{[\rho_f^{-1}\overline{P}_{,i}\overline{\varphi_f v_{fi}} + \overline{V}_{fi}\overline{v_{fi}(\varphi_f v_{fk})_{,k}} + \overline{V}_{fk}\overline{v_{fi}(\varphi_f v_{fi})_{,k}} +}_{(4)}$$

$$\underbrace{(\overline{V}_{fi}\overline{V}_{fk})_{,k}\overline{\varphi_f v_{fi}} + \overline{V}_{fi}\overline{V}_{fk}\overline{\varphi_{f,k}v_{fi}} + \overline{v_{fi}(\varphi_f v_{fi}v_{fk,k})}]}_{(4)} - \underbrace{[\rho_f^{-1}(\overline{\phi}_f\overline{v_{fi}p_{,i}} + \overline{\varphi_f v_{fi}p_{,i}}) + \overline{\phi}_f\overline{v_{fi}(v_{fi}v_{fk})_{,k}} +}_{(5)}$$

$$\underbrace{\overline{\phi}_{f,k}\overline{v_{fi}v_{fi}v_{fk}}]}_{(5)} + \nu_f[\overline{\phi}_f k_{,kk} + (\overline{V}_{fi,k} + \overline{V}_{fk,i})\overline{\varphi_{f,k}v_{fi}} + \underbrace{\overline{\phi}_{f,k}(k_{,k} + \overline{v_{fi}v_{fk,i}}) + \overline{\varphi_f(v_{fi}v_{fi})_{,k}} +}_{(6)}$$

$$\underbrace{\overline{V}_{fi,kk}\overline{\varphi_f v_{fi}} + \overline{\varphi_{f,k}v_{fi}(v_{fi,k} + v_{fk,i})}]}_{(6)} - \underbrace{(\overline{\phi}_f\varepsilon + \nu_f\overline{\varphi_f v_{fi,k}v_{fi,k}})}_{(7)} - \underbrace{\{B\rho_f^{-1}[\overline{\phi}_f\overline{\phi}_p\overline{v_{fi}(v_{fi} - v_{pi})} +}_{(8)}$$

$$\underbrace{(\overline{\phi}_p - \overline{\phi}_f)(\overline{V}_{fi} - \overline{V}_{pi})\overline{\varphi_f v_{fi}} + \overline{\phi}_f\overline{\varphi_p v_{fi}(v_{fi} - v_{pi})} + (\overline{V}_{fi} - \overline{V}_{pi})\overline{\varphi_f\varphi_p v_{fi}} + \overline{\varphi_f\varphi_p v_{fi}(v_{fi} - v_{pi})}] - \overline{\varphi_f v_{fi}g_i}\}}_{(8)}$$

$$\tag{2.2-35}$$

其中
$$k\equiv\frac{1}{2}\overline{v_{fi}v_{fi}}, \quad \varepsilon\equiv\nu_f\overline{v_{fi,k}v_{fi,k}}$$

式中：k 定义为湍动能；ε 定义为湍动能耗散率。

式（2.2-35）由 8 组组成，第（1）组为非稳定项，第（2）组为对流项，第（3）组为产生项，第（4）组为附加产生项和转移项，第（5）组为湍流扩散项，第（6）组为黏性扩散项，第（7）组为耗散项，第（8）组为附加耗散项。

将式（2.2-3a）对 x_l 偏微分，且在方程两侧乘以 $\nu_f\partial v_{fi}/\partial x_i$，再进行平均，同样按式（2.2-35）中的书写形式，整理即可得到固液两相流能耗率 ε 方程

$$0.5[\varepsilon\overline{\phi}_{f,t}+(\varepsilon\overline{\phi}_f)_{,t}]+\nu_f[\overline{\phi}_{f,lt}\overline{v_{fi}v_{fi,l}}+\overline{\phi}_{f,lt}\overline{v_{fi,l}v_{fi,t}}+\overline{V}_{fi,t}\overline{\varphi_{f,l}v_{fi,l}}+\overline{V}_{fi,lt}\overline{\varphi_f v_{fi,l}}+$$
(1)

$$\overline{V}_{fi,l}\overline{\varphi_{f,t}v_{fi,l}}+\overline{V}_{fi}\overline{\varphi_{f,lt}v_{fi,l}}+\overline{v_{fi,l}(\varphi_f v_{fi})_{,lt}}]+0.5[\varepsilon(\overline{\phi}_f\overline{V}_{fk})_{,k}+(\varepsilon\phi_f\overline{V}_{fk})_{,k}]+$$
(1)   (2)

$$\nu_f[(\overline{\phi}_f\overline{V}_{fi})_{,lk}\overline{v_{fk}v_{fi,l}}+(\overline{\phi}_f\overline{V}_{fi})_{,k}\overline{v_{fk,l}v_{fi,l}}+(\overline{\phi}_f\overline{V}_{fi})_{,lk}\overline{v_{fi}v_{fi,l}}]$$
(2)

$$=-\nu_f\overline{\phi}_f\overline{v_{fi,l}(v_{fi}v_{fk})_{,lk}}-\nu_f[(\overline{V}_{fi}\overline{V}_{fk})_{,l}\overline{\varphi_{f,k}v_{fi,l}}+\overline{V}_{fi}\overline{V}_{fk}\overline{\varphi_{f,lk}v_{fi,l}}+(\overline{V}_{fi}\overline{V}_{fk})_{,k}\overline{\varphi_{f,l}v_{fi,l}}+$$
(3)   (4)

$$(\overline{V}_{fi}\overline{V}_{fk})_{,lk}\overline{\varphi_f v_{fi,l}}+\overline{V}_{fi,l}\overline{v_{fi,l}(\varphi_f v_{fk})_{,k}}+\overline{V}_{fi}\overline{v_{fi,l}(\varphi_f v_{fk})_{,lk}}+\overline{V}_{fi,k}\overline{v_{fi,l}(\varphi_f v_{fk})_{,k}}+\overline{V}_{fi,lk}\overline{\varphi_f v_{fk}v_{fi,l}}+$$
(4)

$$\overline{V}_{fk,l}\overline{v_{fi,l}(\varphi_f v_{fi})_{,l}}+\overline{V}_{fk,lk}\overline{\varphi_f v_{fi}v_{fi,l}}+\overline{V}_{fi,l}\overline{(\varphi_f v_{fi}v_{fk})_{,lk}}+\rho_f^{-1}(\overline{\varphi_{f,l}\,\overline{p}_{,i}v_{fi,l}}+\overline{P}_{,il}\overline{\varphi_f v_{fi,l}}+$$
(4)

$$\overline{P}_{,i}\overline{\varphi_{f,l}v_{fi,l}}+\overline{p_{,i}\varphi_f v_{fi,l}})]-\nu_f[\overline{\phi}_{f,l}\overline{v_{fi,l}(v_{fi}v_{fk})_{,k}}+\overline{\phi}_{f,k}\overline{v_{fi,l}(v_{fi}v_{fk})_{,l}}+\overline{\phi}_{f,lk}\overline{v_{fi,l}v_{fi}v_{fk}}+\rho_f^{-1}\overline{\phi}_f\overline{p_{,lk}v_{fi,l}}]+$$
(5)

$$\nu_f\{0.5(\overline{\phi}_f\varepsilon_{,k})_{,k}+\nu_f[\overline{\phi}_{f,k}\overline{v_{fi,l}v_{fk,il}}+\overline{\phi}_{f,l}\overline{v_{fi,l}v_{fi,kk}}-\overline{\phi}_f\overline{v_{fi,lk}v_{fi,lk}}+\overline{V}_{fi,kk}\overline{\varphi_f v_{fi,l}}+$$
(6)

$$\overline{v_{fi,l}(\varphi_f v_{fi,k}+\varphi_f v_{fk,l})_{,lk}}]\}-\nu_f B\rho_f^{-1}\{[(\overline{\phi}_p-\overline{\phi}_f)(\overline{V}_{fi}-\overline{V}_{pi})]_{,l}\overline{\varphi_f v_{fi,l}}+(\overline{\phi}_p-\overline{\phi}_f)(\overline{V}_{fi}-\overline{V}_{pi})\overline{\varphi_{f,l}v_{fi,l}}+$$
(7)

$$(\overline{V}_{fi}-\overline{V}_{pi})_{,l}\overline{\varphi_f\varphi_p v_{fi,l}}+\overline{\phi}_p\overline{\phi}_f\overline{v_{fi,l}(v_{fi}-v_{pi})_{,l}}+(\overline{V}_{fi}-\overline{V}_{pi})\overline{(\varphi_f\varphi_p)_{,l}v_{pi,l}}+(\overline{\phi}_p\overline{\phi}_f)_{,l}\overline{v_{fi,l}(v_{fi}-v_{pi}}+$$
(7)

$$(\overline{\phi}_p-\overline{\phi}_f)_{,l}\overline{\varphi_f v_{fi,l}(v_{fi}-v_{pi})}+(\overline{\phi}_p-\overline{\phi}_f)\overline{v_{fi,l}[\varphi_f(v_{fi}-v_{pi})]_{,l}}+\overline{v_{fi,l}[\varphi_f\varphi_p(v_{fi}-v_{pi})]_{,l}}-B^{-1}\rho_f\overline{\varphi_{f,l}v_{fi,l}}g_i\}$$
(7)

$$\tag{2.2-36}$$

式（2.2-36）由 7 组组成，第（1）组为非稳定项，第（2）组为对流项，第（3）组为产生项，第（4）组为附加产生项，第（5）组为湍流扩散项，第（6）组为耗散项，第（7）组为附加耗散项。

2.2.3.3 固液两相流动平均运动方程模化

首先对一些基本相关项（如 $\overline{\varphi v_i}$、$\overline{v_i v_j}$ 等）进行模化。根据研究，一些关联项可按下列公式进行模化：

$$\overline{\varphi_f v_{fi}}=-\frac{\nu_t}{\sigma_f}\frac{\partial\overline{\phi}_f}{\partial x_i} \tag{2.2-37}$$

$$\overline{\varphi_p v_{pi}}=-\frac{\nu_t}{\sigma_p}\frac{\partial\overline{\phi}_p}{\partial x_i} \tag{2.2-38}$$

其中　　　$\nu_t = C_\mu \dfrac{k^2}{\varepsilon}$, $\sigma_p = \left(1 - \dfrac{T_L^2 \varepsilon}{15\nu_f} \dfrac{6A^2}{A+1}\right)^{-1}$, $\tau_p = \dfrac{\rho_p d_p^2}{18\rho_f \nu_f}$, $A = \dfrac{\tau_p}{T_L}$, $T_L = C_T \dfrac{k}{\varepsilon}$

式中：τ_p 为颗粒响应时间；T_L 为流体拉格朗日积分时间标尺；$C_\mu \approx 0.09$；$\sigma_f \approx 1.0$；$C_T \approx 0.20 \sim 0.41$。

雷诺应力 $\overline{v_i v_j}$ 可模化成

$$\overline{v_{fi} v_{fj}} = -\frac{\nu_t}{\sigma_f}\left(\frac{\partial \overline{V}_{fi}}{\partial x_j} + \frac{\partial \overline{V}_{fj}}{\partial x_i}\right) + \frac{2}{3}\delta_{ij}k \qquad (2.2-39)$$

$$\overline{v_{pi} v_{pj}} = -\frac{\nu_t}{\sigma_p}\left(\frac{\partial \overline{V}_{pi}}{\partial x_j} + \frac{\partial \overline{V}_{pj}}{\partial x_i}\right) + \frac{2}{3}\delta_{ij}k_p \qquad (2.2-40)$$

式中：δ_{ij} 为 Kronecker δ 函数；k_p 为颗粒相湍动能，定义为 $k_p \equiv \dfrac{1}{2}\overline{v_{pi} v_{pi}}$，对于大流动雷诺数和短颗粒响应时间，$k_p$ 可近似模化成 $k_p = k/(A+1)$。

$\overline{v_{fi} v_{pi}}$ 可近似模化成：$\overline{v_{fi} v_{pi}} = 2k/(A+1)$。

其他相关项均可进行模化，这样，便可得到模化后的平均运动方程。

液相模化连续方程：

$$\frac{\partial \overline{\phi}_f}{\partial t} + \frac{\partial}{\partial x_i}\left(\overline{\phi}_f \overline{V}_{fi} - \frac{\nu_t}{\sigma_f}\frac{\partial \overline{\phi}_f}{\partial x_i}\right) = 0 \qquad (2.2-41)$$

固相模化连续方程：

$$\frac{\partial \overline{\phi}_p}{\partial t} + \frac{\partial}{\partial x_i}\left(\overline{\phi}_p \overline{V}_{pi} - \frac{\nu_t}{\sigma_p}\frac{\partial \overline{\phi}_p}{\partial x_i}\right) = 0 \qquad (2.2-42)$$

液相模化动量方程：

$$\begin{aligned}
\frac{\partial}{\partial t}(\overline{\phi}_f \overline{V}_{fi}) + \frac{\partial}{\partial x_j}(\overline{\phi}_f \overline{V}_{fi} \overline{V}_{fj}) &= \frac{\partial}{\partial x_j}\left[\frac{\nu_t}{\sigma_f}\left(\overline{V}_{fi}\frac{\partial \overline{\phi}_f}{\partial x_j} + \overline{V}_{fj}\frac{\partial \overline{\phi}_f}{\partial x_i}\right) - \overline{\phi}_f \overline{v_{fi} v_{fj}}\right] - \\
&\quad \frac{1}{\rho_f}\left(\overline{\phi}_f \frac{\partial \overline{P}}{\partial x_i} + \overline{\varphi_f \frac{\partial p}{\partial x_i}}\right) + \nu_f \frac{\partial}{\partial x_j}\left[\overline{\phi}_f\left(\frac{\partial \overline{V}_{fi}}{\partial x_j} + \frac{\partial \overline{V}_{fj}}{\partial x_i}\right)\right] - \\
&\quad \frac{B}{\rho_f}\left[\overline{\phi}_f \overline{\phi}_p(\overline{V}_{fi} - \overline{V}_{pi}) + (\overline{\phi}_p - \overline{\phi}_f)\left(\frac{\nu_t}{\sigma_p} - \frac{\nu_t}{\sigma_f}\right)\frac{\partial \overline{\phi}_f}{\partial x_i}\right] + \overline{\phi}_f g_i
\end{aligned}$$

$$(2.2-43)$$

固相模化动量方程：

$$\begin{aligned}
\frac{\partial}{\partial t}(\overline{\phi}_p \overline{V}_{pi}) + \frac{\partial}{\partial x_j}(\overline{\phi}_p \overline{V}_{pi} \overline{V}_{pj}) &= \frac{\partial}{\partial x_j}\left[\frac{\nu_t}{\sigma_p}\left(\overline{V}_{pi}\frac{\partial \overline{\phi}_p}{\partial x_j} + \overline{V}_{pj}\frac{\partial \overline{\phi}_p}{\partial x_i}\right) - \overline{\phi}_p \overline{v_{pi} v_{pj}}\right] - \\
&\quad \frac{1}{\rho_p}\left(\overline{\phi}_p \frac{\partial \overline{P}}{\partial x_i} + \overline{\varphi_p \frac{\partial p}{\partial x_i}}\right) + \nu_p \frac{\partial}{\partial x_j}\left[\overline{\phi}_p\left(\frac{\partial \overline{V}_{pi}}{\partial x_j} + \frac{\partial \overline{V}_{pj}}{\partial x_i}\right)\right] - \\
&\quad \frac{B}{\rho_p}\left[\overline{\phi}_p \overline{\phi}_f(\overline{V}_{pi} - \overline{V}_{fi}) + (\overline{\phi}_f - \overline{\phi}_p)\left(\frac{\nu_t}{\sigma_f} - \frac{\nu_t}{\sigma_p}\right)\frac{\partial \overline{\phi}_p}{\partial x_i}\right] + \overline{\phi}_p g_i
\end{aligned}$$

$$(2.2-44)$$

模化湍动能 k 方程：

$$\frac{\partial}{\partial t}(\overline{\phi}_f k) + \frac{\partial}{\partial x_j}(\overline{\phi}_f k \overline{V}_{fj}) = \frac{\partial}{\partial x_j}\left[\overline{\phi}_f\left(\nu_f + \frac{\nu_t}{\sigma_k}\right)\frac{\partial k}{\partial x_j}\right] + G_k + G_B - \overline{\phi}_f \varepsilon - Y_m \quad (2.2-45)$$

其中　　　$G_k = \dfrac{\partial}{\partial x_j}\left(\dfrac{\nu_t}{\sigma_f}\overline{V}_{fi}\overline{V}_{fj}\dfrac{\partial \overline{\phi}_f}{\partial x_i} - \overline{V}_{fi}\overline{\varphi_f v_{fi} v_{fj}} - \overline{V}_{fj}\overline{\varphi_f v_{fi} v_{fi}}\right) -$

$$\frac{\partial}{\partial x_j}(\overline{\phi}_f \overline{V}_{fi}) \ \overline{v_{fi}v_{fj}} + \frac{1}{\rho_f}\frac{\nu_t}{\sigma_f}\frac{\partial \overline{\phi}_f}{\partial x_i}\frac{\partial \overline{P}}{\partial x_i} - C_k\frac{\nu_t}{\sigma_f}\left(\overline{V}_{fi}\frac{\partial \overline{\phi}_f}{\partial x_j} + \overline{V}_{fj}\frac{\partial \overline{\phi}_f}{\partial x_i}\right)$$

$$Y_m = \nu_f\left\{\frac{\partial}{\partial x_j}\left[\frac{\nu_t}{\sigma_f}\frac{\partial \overline{\phi}_f}{\partial x_i}\left(\frac{\partial \overline{V}_{fi}}{\partial x_j} + \frac{\partial \overline{V}_{fj}}{\partial x_i}\right)\right] - \overline{\phi}_f^2\frac{\partial^2 k}{\partial x_j^2} + \frac{\partial \overline{\phi}_f}{\partial x_j}\left(\frac{\partial \overline{v_{fi}v_{fj}}}{\partial x_i} + \nu_t\frac{\partial^2 \overline{V}_{fi}}{\partial x_j^2}\right)\right\}$$

$$G_B = -\frac{B}{\rho_f}\left[\overline{\phi}_f\overline{\phi}_p\ (\overline{v_{fi}v_{fi}} - \overline{v_{fi}v_{pi}}) + (\overline{\phi}_f - \overline{\phi}_p)\ (\overline{V}_{fi} - \overline{V}_{pi})\frac{\nu_t}{\sigma_f}\frac{\partial \overline{\phi}_f}{\partial x_i}\right] + \varphi_f v_{fi}g_i$$

模化湍动能耗散率 ε 方程：

$$\frac{\partial}{\partial t}(\overline{\phi}_f \varepsilon) + \frac{\partial}{\partial x_j}(\overline{\phi}_f \varepsilon \overline{V}_{fj}) = \frac{\partial}{\partial x_j}\left[\overline{\phi}_f\left(\nu_f + \frac{\nu_t}{\sigma_\varepsilon}\right)\frac{\partial \varepsilon}{\partial x_j}\right] + C_{1\varepsilon}(G_k + \overline{\phi}_f C_{3\varepsilon}G_B)\frac{\varepsilon}{k} - \overline{\phi}_f C_{2\varepsilon}\frac{\varepsilon^2}{k}$$

$$(2.2-46)$$

式中：$C_k \approx 0.1$；$C_{1\varepsilon} \approx 1.44$；$C_{2\varepsilon} \approx 1.92$；$C_{3\varepsilon} \approx 1.2$；$\sigma_k \approx 1.0$；$\sigma_\varepsilon \approx 1.3$；$G_k$ 为由平均速度梯度而产生的湍流动能；G_B 为由浮力产生的湍流动能；Y_m 为由于过渡的扩散产生耗散率的贡献。

这样，变量 $\overline{V_f}$、$\overline{V_p}$、$\overline{\phi}_f$、$\overline{\phi}_p$、k、ε 就可求解了。

为书写简单，略去平均符号"—"，并进行整理，可进一步写出固液两相流动的标准 $k-\varepsilon$ 方程（模型）（也可称欧拉双流体模型）：

液相连续方程：

$$\frac{\partial}{\partial t}(\phi_f) + \frac{\partial}{\partial x_i}(\phi_f V_{fi}) = \frac{\partial}{\partial x_i}\left[\left(\frac{\nu_t}{\sigma_f}\right)\frac{\partial \phi_f}{\partial x_i}\right] \qquad (2.2-47)$$

固相连续方程：

$$\frac{\partial}{\partial t}(\phi_p) + \frac{\partial}{\partial x_i}(\phi_p V_{pi}) = \frac{\partial}{\partial x_i}\left[\left(\frac{\nu_t}{\sigma_p}\right)\frac{\partial \phi_p}{\partial x_i}\right] \qquad (2.2-48)$$

液相动量方程：

$$\frac{\partial}{\partial t}(\phi_f V_{fi}) + \frac{\partial}{\partial x_j}(\phi_f V_{fi} V_{fj}) = \frac{\partial}{\partial x_j}\left[\phi_f\left(\nu_f + \frac{\nu_t}{\sigma_f}\right)\frac{\partial V_{fi}}{\partial x_j}\right] + S_f \qquad (2.2-49)$$

固相动量方程：

$$\frac{\partial}{\partial t}(\phi_p V_{pi}) + \frac{\partial}{\partial x_j}(\phi_p V_{pi} V_{pj}) = \frac{\partial}{\partial x_j}\left[\phi_p\left(\nu_p + \frac{\nu_t}{\sigma_p}\right)\frac{\partial V_{pi}}{\partial x_j}\right] + S_p \qquad (2.2-50)$$

湍动能 k 方程：

$$\frac{\partial}{\partial t}(\phi_f k) + \frac{\partial}{\partial x_j}(\phi_f k V_{fj}) = \frac{\partial}{\partial x_j}\left[\phi_f\left(\nu_f + \frac{\nu_t}{\sigma_k}\right)\frac{\partial k}{\partial x_j}\right] + G_K + G_b - \phi_f \varepsilon - Y_M + S_k$$

$$(2.2-51)$$

湍动能耗散率 ε 方程：

$$\frac{\partial}{\partial t}(\phi_f \varepsilon) + \frac{\partial}{\partial x_j}(\phi_f \varepsilon V_{fj}) = \frac{\partial}{\partial x_j}\left[\phi_f\left(\nu_f + \frac{\nu_t}{\sigma_\varepsilon}\right)\frac{\partial \varepsilon}{\partial x_j}\right] + C_{1\varepsilon}(G_K + \phi_f C_{3\varepsilon}G_b)\frac{\varepsilon}{k} - \phi_f C_{2\varepsilon}\frac{\varepsilon^2}{k} + S_\varepsilon$$

$$(2.2-52)$$

式中：S_f、S_p、S_k、S_ε 为定义的源项。

可以发现，单颗粒动力学模型，即拉格朗日离散相模型（DPM），是将流体相处理为连续相，在欧拉坐标系下建立 N-S 方程组求解其流动，而在拉格朗日坐标系下应用牛顿第二定律跟踪求解流场中每一个离散粒子的运动轨迹来反映整个离散颗粒场，连续相-离散相相互作用服从牛顿第三定律，将源项添加到各自的求解方程中可实现相间的耦合。由于直接对离散颗粒的运动轨迹进行求解，模型简单化，假设少，并可直接解释每个颗粒的运动与规律，因此与颗粒相拟流体模型相比，该模型更为合理、精确。但随着颗粒浓度的增加，需跟踪的颗粒数量增多，且颗粒间的相互作用也变得更复杂，计算资源消耗急剧增加。

固液两相流动的标准 $k-\varepsilon$ 方程（模型），或称欧拉双流体模型，是目前最为常用的求解两相流的方法。它把颗粒处理为具有连续介质特性的、与连续相相互渗透的拟流体，连续相和颗粒相都在欧拉坐标系下进行求解，仿造单相流动对颗粒湍流脉动进行模拟，应用颗粒动力学理论及分子运动理论使方程组封闭，颗粒相拟流体模型最大的优点是可以全面地考虑颗粒相的输运特性，能够进行大规模工程问题的计算。

2.3　改进后的固液两相流动湍流数学模型

2.2 节给出了单颗粒动力学和固液两相流动标准 $k-\varepsilon$ 模型，类似基本流体湍流模型，在前面基本湍流模型的基础上，人们对不同流场也提出了一些改进的湍流模型，如离散元模型（DEM）与计算流体动力学（CFD）模型相耦合的 CFD-DEM 模型等。每一种模型都具有其优点和局限性，可根据实际物理问题选择合适的模型。

2.3.1　CFD-DEM 模型

在 CFD-DEM 模型中，DEM 负责跟踪单颗粒运动，CFD 负责求解连续流体方程。颗粒相与流体相有两种耦合模型，分别是拉格朗日模型和欧拉模型。前者只考虑流体相和固相之间的动量交换，而后者不仅考虑两相间的动量交换，还考虑固相颗粒对流体相的影响（双向耦合）。一般对于稀相输送，忽略固相对液相的影响。

1. 连续相控制方程

液相作为连续相，其求解采用局部平均的 N-S 方程，模型中压降仅与液相相关，其控制方程基于一个计算单元内的局部平均变量，具体如下：

$$\frac{\partial}{\partial t}(\lambda \rho_f) + \frac{\partial}{\partial x_i}(\lambda \rho_f V_{fi}) = 0 \tag{2.3-1}$$

$$\frac{\partial}{\partial t}(\lambda \rho_f) + \frac{\partial}{\partial x_k}(\lambda \rho_f V_{fi} V_{fk}) = -\frac{\partial P}{\partial x_i} + \frac{\partial}{\partial x_k}(\lambda \tau) + \lambda \rho_f g_i - S_i \tag{2.3-2}$$

式中：λ 为网格单元中的空隙率；ρ_f 为流体密度；V_f 为流体速度；P 为压力；τ 为流体黏性应力张量；S 为流体与颗粒间的体积力；下标 i、k 为张量坐标。

2. 离散相控制方程

颗粒作为离散相，计算颗粒运动时，采用牛顿第二定律描述得到颗粒移动和转动，其控制方程具体形式为

$$m_{p,K} \frac{\mathrm{d}V_{pi,K}}{\mathrm{d}t} = \sum_{J=1}^{N_K} f_{ci,KJ} + f_{fi,K} + m_{p,K} g_i \tag{2.3-3}$$

$$I_{p,K} \frac{\mathrm{d}\omega_{pi,K}}{\mathrm{d}x_i} = \sum_{J=1}^{N_K} M_{ci,KJ} \tag{2.3-4}$$

式中：$m_{p,K}$ 和 $I_{p,K}$ 分别为颗粒 K 的质量和转动惯量；$V_{pi,K}$ 和 $\omega_{pi,K}$ 分别为颗粒 K 的速度和角速度；$f_{ci,KJ}$ 和 $M_{ci,KJ}$ 分别为颗粒 J 或者固壁施加于颗粒 K 上的力和转动力矩；N_K 为与颗粒 K 接触的颗粒总数；$f_{fi,K}$ 为流体作用于颗粒 K 上的力；g 为重力加速度；下标 i 为张量坐标。

2.3.2 非均质模型

动量、热量和质量的界面传递直接取决于两相间的接触表面积，用流体相和颗粒相之间单位体积的界面面积来表征，即界面的面积密度 A_{fp}。需要注意的是它的量纲是长度的倒数。界面输运可以用粒子模型或混合物模型来模拟，这为 A_{fp} 提供了不同的代数公式。

1. 粒子模型

对于两相间粒子模型的界面输运，假定其中一相是连续相（流体相），另一相是离散相（颗粒相）。然后，假设颗粒相以平均直径 d_p 的球形颗粒存在，计算单位体积的表面积。使用该模型，则界面的面积密度为

$$A_{fp} = \frac{6\tilde{\phi}_p}{d_p} \tag{2.3-5}$$

其中

$$\tilde{\phi}_p = \begin{cases} \max(\phi_p, \ \phi_{\min}), & \phi_p \leqslant \phi_{\max} \\ \max\left(\dfrac{1-\phi_p}{1-\phi_{\max}}\phi_{\max}, \ \phi_{\min}\right), & \phi_p > \phi_{\max} \end{cases}$$

式中：ϕ_p 为颗粒相的体积分数；一般情况下，$\phi_{\max}$ 和 $\phi_{\min}$ 分别取 0.8 和 1×10^{-7}。

对于无拖曳力的情况，使用另一种稍有不同的面积密度公式，称为未压缩界面面积密度 A'_{fp}。在这种情况下，面积密度允许为 0。此外，随着离散相体积分数的增大，面积密度减小得更为剧烈：

$$A'_{fp} = FA_{fp} \tag{2.3-6}$$

其中

$$F = \left(\frac{1-\phi_p}{1-\phi_{p'}}\right)^n, \quad n=5, \quad \phi_{p'} = \begin{cases} \phi_p, & \phi_p \leqslant 0.25 \\ 0.393855 - 0.57142\phi_p, & 0.25 < \phi_p \leqslant 0.6 \\ 0.05, & \text{其他} \end{cases}$$

无量纲界面传递系数可以用颗粒雷诺数 Re_p 和流体普朗特数 P_r 来关联。这些定义使用粒子平均直径和连续相特性，如下所示。

$$Re_p = \frac{\varrho_f |\vec{V}_p - \vec{V}_f| d_p}{\mu_f} \tag{2.3-7}$$

$$P_r = \frac{\mu_f C_{Pf}}{\lambda_f} \tag{2.3-8}$$

式中：μ_f、C_{Pf} 和 λ_f 为连续相流体相的黏度、比热容和导热系数。

2. 混合模型

混合模型是一个非常简单的模型，对称地处理流体和颗粒两相。单位体积的表面积为

$$A_{fp} = \frac{\phi_f \phi_p}{L_{fp}} \tag{2.3-9}$$

式中：L_{fp} 为界面长度刻度。

3. 自由面模型

自由面模型意在解析流体之间的界面，如果模拟中只有两相，则使用以下公式计算界面面积密度：

$$A_{fp} = |\nabla \phi_f| \qquad (2.3-10)$$

此区域密度减小至不小于 $1/L_{\max}$，$L_{\max}$ 由区域密度的最大长度比例参数控制，一般可取为 $1\mathrm{m}$。

当存在两个以上的相位时，其面积密度为

$$A_{fp} = \frac{2|\nabla \phi_f||\nabla \phi_p|}{|\nabla \phi_f| + |\nabla \phi_p|} \qquad (2.3-11)$$

2.3.3　均质模型

对于给定的输运过程，均质模型假设该过程的输运量（体积分数除外）对所有相都相同，因此用总体输运方程来求解共同流场就足够了，而不必解单个相输运方程。

总体输运方程可通过对所有相的单相输运方程求和来推导，即物理量 Φ 的输运方程为

$$\frac{\partial}{\partial t}(\rho \Phi) + \nabla \cdot (\rho \overrightarrow{V} \Phi - \Gamma \nabla \Phi) = S_\Phi \qquad (2.3-12)$$

其中
$$\rho = \sum_{\alpha=1}^{n} \phi_\alpha \rho_\alpha, \quad \overrightarrow{V} = \frac{1}{\rho} \sum_{\alpha=1}^{n} \phi_\alpha \rho_\alpha \overrightarrow{V}_\alpha, \quad \Gamma = \sum_{\alpha=1}^{n} \phi_\alpha \Gamma_\alpha$$

式中：n 为流场中的总相数；ϕ 为体积分数；α 为任意相；S_Φ 为 Φ 的输运方程源项。

均质模型无法一致地应用于所有方程。例如，速度场可以建模为非均匀的，但与均匀湍流模型耦合；或者，均匀的速度场可以与非均匀的温度场耦合。在计算中也可使用齐次附加变量。

2.3.4　代数滑移模型

Ishii Manninen 和 Taivassalo 给出了代数滑移模型（ASM），提出了更通用的公式。对于流场中的主相和具有 n 个次相的多相流动，次相第 α 相的流动方程如下。

连续方程：

$$\frac{\partial (\rho_\alpha \phi_\alpha)}{\partial t} + \frac{\partial (\rho_\alpha \phi_\alpha V_{\alpha i})}{\partial x_i} = 0 \qquad (2.3-13)$$

动量方程：

$$\frac{\partial (\rho_\alpha \phi_\alpha V_{\alpha i})}{\partial t} + \frac{\partial (\rho_\alpha \phi_\alpha V_{\alpha i} V_{\alpha j})}{\partial x_j} = -\phi_\alpha \frac{\partial P}{\partial x_i} + \frac{\partial (\phi_\alpha \tau_{\alpha j i})}{\partial x_j} + \phi_\alpha \rho_\alpha g_i + M_{\alpha i} \qquad (2.3-14)$$

式中：ϕ 为体积分数；$M_{\alpha i}$ 为用户定义质量源的动量传递；下标 i，j 为张量坐标。

将次相的各相连续方程求和，可导出次相整体连续方程：

$$\frac{\partial \rho_m}{\partial t} + \frac{\partial (\rho_m V_{mi})}{\partial x_i} = 0 \qquad (2.3-15)$$

将次相的各相动量方程求和，可导出次相整体动量方程：

$$\frac{\partial (\rho_m V_{mi})}{\partial t} + \frac{\partial (\rho_m V_{mi} V_{mj})}{\partial x_j} = -\frac{\partial P}{\partial x_i} + \frac{\partial (\tau_{mji} + \tau_{Dji})}{\partial x_j} + \rho_m g_i \qquad (2.3-16)$$

其中
$$\rho_m = \sum_{\alpha=1}^{n} (\phi_\alpha \rho_\alpha), \ V_{mi} = \sum_{\alpha=1}^{n} \left(\frac{\rho_\alpha}{\rho_m} \phi_\alpha V_{\alpha i} \right),$$

$$\tau_{mji} = \sum_{\alpha=1}^{n} (\phi_\alpha \tau_{\alpha ji}), \ \tau_{Dji} = - \sum_{\alpha=1}^{n} [\phi_\alpha \rho_\alpha (V_{\alpha i} - V_{mi}) V_{\alpha j}]$$

滑移速度定义为次相第 α 相速度 V_α 相对于主相速度 V_f 的相对速度:

$$V_{S\alpha i} = V_{\alpha i} - V_{fi} \tag{2.3-17}$$

漂移速度定义为次相第 α 相速度 V_α 相对于次相质量平均速度 V_m 的相对速度:

$$V_{D\alpha i} = V_{\alpha i} - V_{mi} \tag{2.3-18}$$

滑移速度与漂移速度的关系为

$$V_{D\alpha i} = V_{S\alpha i} - \sum_{\alpha=1}^{n} (\rho_\alpha \phi_\alpha V_{S\alpha i}) \tag{2.3-19}$$

根据这些关系,α 相连续性方程可以用体积分数和漂移速度写成

$$\frac{\partial(\rho_m \phi_\alpha)}{\partial t} + \frac{\partial[\rho_m \phi_\alpha (V_{mi} + V_{D\alpha i})]}{\partial x_i} = 0 \tag{2.3-20}$$

α 相动量方程式(2.3-14)变成

$$\rho_\alpha \phi_\alpha \frac{\partial V_{\alpha i}}{\partial t} + \rho_\alpha \phi_\alpha V_{\alpha j} \frac{\partial(V_{\alpha i})}{\partial x_j} = -\phi_\alpha \frac{\partial P}{\partial x_i} + \frac{\partial(\phi_\alpha \tau_{\alpha ji})}{\partial x_j} + \phi_\alpha \rho_\alpha g_i + M_{\alpha i} \tag{2.3-21}$$

整体动量方程式(2.3-16)变成

$$\rho_m \frac{\partial V_{mi}}{\partial t} + \rho_m V_{mj} \frac{\partial V_{mi}}{\partial x_j} = -\frac{\partial P}{\partial x_i} + \frac{\partial(\tau_{mji} + \tau_{Dji})}{\partial x_j} + \rho_m g_i \tag{2.3-22}$$

将式(2.3-21)和式(2.3-22)组合起来,消除压力梯度项,得出

$$M_{\alpha i} = \phi_\alpha \left[\rho_\alpha \frac{\partial V_{D\alpha i}}{\partial t} + (\rho_\alpha - \rho_m) \frac{\partial V_{mi}}{\partial t} \right] + \phi_\alpha \left[\rho_\alpha V_{\alpha j} \frac{\partial V_{\alpha i}}{\partial x_j} - \rho_m V_{mj} \frac{\partial V_{mi}}{\partial x_j} \right] -$$

$$\frac{\partial(\phi_\alpha \tau_{\alpha ji})}{\partial x_j} + \phi_\alpha \frac{\partial(\tau_{mji} + \tau_{Dji})}{\partial x_j} - \phi_\alpha (\rho_\alpha - \rho_m) g_i \tag{2.3-23}$$

可作下列假设:

(1)假设分散相瞬间达到其终速度,则可忽略漂移速度的瞬态项。

(2)近似认为 $V_{\alpha j} \frac{\partial V_{\alpha i}}{\partial x_j} = V_{mj} \frac{\partial V_{mi}}{\partial x_j}$。

(3)忽略黏性应力和扩散应力。

通过这些假设,式(2.3-23)可简化为

$$M_{\alpha i} = \phi_\alpha (\rho_\alpha - \rho_m) \left(\frac{\partial V_{mi}}{\partial t} + V_{mj} \frac{\partial V_{mi}}{\partial x_j} - g_i \right) \tag{2.3-24}$$

此外,假设相间动量传递仅由阻力引起,且颗粒为直径 d_p 的球形,则有

$$M_{\alpha i} = -\frac{3}{4} \frac{\phi_\alpha \rho_f}{d_p} C_D |\vec{V}_{S\alpha}| V_{S\alpha i} \tag{2.3-25}$$

式中:ρ_f 为主相密度;C_D 为颗粒阻力系数。

从而得出以下滑移速度的封闭关系

$$|\vec{V}_{S\alpha}| V_{S\alpha i} = -\frac{4}{3} \frac{d_p}{\rho_f C_D} (\rho_\alpha - \rho_m) \left(\frac{\partial V_{mi}}{\partial t} + V_{mj} \frac{\partial V_{mi}}{\partial x_j} - g_i \right) \tag{2.3-26}$$

该模型用来模拟沙水两相流动时，控制方程包含水流相和水沙混合相的连续性方程和动量方程，即式（2.3-15）、式（2.3-22）通过相间动量传递项 M_a 将方程联系起来，运用 ASM 模型相间的作用力只考虑黏性阻力。实践表明，如果只考虑黏性阻力，ASM 模型和前面的欧拉双流体模型计算结果基本一致。

2.3.5　群体平衡模型

水轮机沙水两相流动通常采用标准 k-ε 双流体模型计算，但此模型在相间传质问题上未考虑颗粒间、颗粒与壁面间碰撞而产生的聚并和破碎等动力学行为，因而不能准确描述颗粒的粒径、浓度等空间分布。另有学者在液固 k-ε 双流体模型基础上引入群体平衡模型（PBM），建立颗粒行为和宏观属性的联系。PBM 与流场耦合计算（CFD-PBM）以描述两相流体系中实际存在的相间传质现象，以探寻水轮机内的颗粒平均粒径分布规律及体积浓度分布特性等；同时尝试预测液固 k-ε 双流体模型将计算域中的多相流视为互相渗透的连续性介质，每一相的运动由其质量和动量守恒方程控制。

群体平衡模型就是在离散（颗粒）相系统中，利用数值密度函数 $f(W, x, t)$ 来描述实体数目在属性空间 W、位置空间 x 以及时间 t 上的分布，群体平衡方程实质是颗粒数值密度函数的输运方程，其表达式为

$$\frac{\partial f}{\partial t} + \frac{\partial}{\partial x_i}(fV_i) = S \qquad (2.3-27)$$

式中：V_i 是体积为 W 的实体的速度在 x_i 方向的分量；S 为由颗粒与流体、颗粒之间、颗粒与壁面间碰撞而产生聚并和破碎引起颗粒生成和消亡的源项。

PBM 与 k-ε 双流体模型采用双向耦合，颗粒相与流体相的相间作用力考虑了虚拟质量力和相间阻力，固液交换系数采用 Wen-Yu-Pb 模型，颗粒碰撞恢复系数设为 0.9，相间质量通过群体平衡传递。

2.4　颗粒运动的阻力系数

多相流中，颗粒所受的阻力对其运动起着十分重要的作用，遗憾的是，即使是简单的球形颗粒，除了其相对于流体有较小的运动速度外，很难导出颗粒阻力的理论公式，因此，有必要利用试验方法进行测定或利用数值方法进行求解。阻力的计算归结于阻力系数 C_D 的计算，在实际的多相流系统中，颗粒阻力受到许多因素的影响。

2.4.1　球形颗粒的阻力规律

低颗粒雷诺数下的阻力规律是一个经典的问题，也是在多相流研究中首先碰到的问题。当颗粒直径足够小，而相对于流体的速度又不太大，即颗粒雷诺数足够小（$Re_p < 1$）时，惯性力远小于黏性力。斯托克斯在求解流体绕流颗粒的流动方程时，就忽略了惯性力，并求出了此时的阻力系数的解析解，即斯托克斯阻力定律。而 Oseen 对斯托克斯近似方程进行了修正，也即该方程较斯托克斯近似方程的优点在于保留了惯性力项中的主要部分，因此，他的解在整个流场中与实际较符合，其所得的阻力系数为

$$C_D = \frac{24}{Re_p}\left(1 + \frac{3}{16}Re_p\right) \qquad (2.4-1)$$

继斯托克斯和 Oseen 之后，也有不少学者对流体绕流颗粒的运动方程进行了更精确的求解，从而得到了适用于较小颗粒雷诺数 Re_p 的情况，且精度较高的阻力系数理论计算式。前面讨论的都是在低颗粒雷诺数下，阻力系数的理论表达式。但在实际工程中所碰到的问题几乎都是高颗粒雷诺数，尤其是在水轮机的两相以及多相流动中。因此，惯性力不能被忽略。一般而言，解析求解颗粒的绕流问题非常困难，故通常采用实验方法或用数值方法进行求解，从而得到阻力系数。

　　根据流动雷诺数的不同，可大致将流体绕流球形颗粒的运动分为三个区域：①$Re_p<1$，层流区；②$1<Re_p<1000$，过渡区；③$Re_p>1000$，湍流区。

　　在非常低的颗粒雷诺数下，颗粒周围存在着对称的边界层，流函数和涡量也是对称的，但随着雷诺数的增大，也即到达过渡区域，流动的对称性被破坏，如图 2.4-1 所示。

　　如图 2.4-2 所示是颗粒表面的涡量分布情况，可见，只有在 $Re_p<1$ 的情况下，涡量才是对称的，随着雷诺数的增加，颗粒前部的涡量迅速增大，当雷诺数增至 20 左右，颗粒尾部产生边界层分离，出现漩涡尾迹，雷诺数越大，漩涡区也增大，同时颗粒表面上的分离点也往前移动，开始产生逆向的回流漩涡。

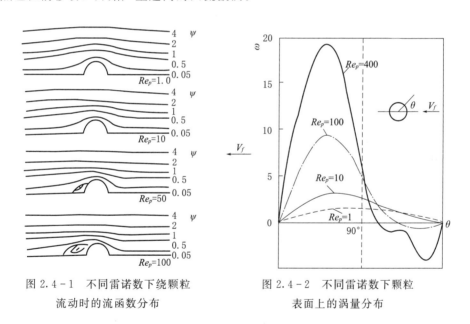

图 2.4-1　不同雷诺数下绕颗粒　　　　　图 2.4-2　不同雷诺数下颗粒
　　流动时的流函数分布　　　　　　　　　表面上的涡量分布

　　当 $Re_p>100$ 时，漩涡出现摆动，并部分地被来流带走；当 $Re_p\approx500$ 时，漩涡基本上被来流带走，并在颗粒后方形成所谓卡门漩涡街。由实验数据总结出分离角随颗粒雷诺数变化的规律为

$$\theta_S=180-42.5[\ln(Re_p/120)]^{0.483} \tag{2.4-2}$$

　　由于尾部漩涡的出现，使颗粒前后的压差增大，由此而引起形状阻力份额逐渐增加，摩擦力份额则逐渐减小。在湍流区相应于 $1\times10^3<Re_p<3.5\times10^5$ 范围，这时惯性力远大于黏性力，因此阻力系数不再与颗粒雷诺数有关，而保持为常量，即阻力服从牛顿阻力定律。Seely 等曾根据试验数据得到此区域的流动分离角和颗粒雷诺数的关系为

$$\theta_S = 78 + \frac{275}{Re_p^{0.37}}, \quad 400 < Re_p < 3 \times 10^5 \tag{2.4-3}$$

当 $Re_p < 3 \times 10^5$ 后，流动的情况就不稳定了，阻力系数与颗粒雷诺数的关系极为复杂，不过在水轮机两相流动中，很少能达到这样高的颗粒雷诺数。

很多研究人员用不同的试验方法给出了稳定流动中球形颗粒的阻力系数的拟合式，下面是较常用的球形颗粒阻力计算公式。

Morsi 和 Alexander 给出了多项拟合式

$$C_D = A + B Re_p^m + C Re_p^m \tag{2.4-4}$$

式中：Re_p 为颗粒雷诺数；A、B、C、m 和 n 为常数，见表 2.4-1。

表 2.4-1　　　　　　　　　　　　常数 A、B、C、m 和 n

A	B	C	m	n	Re_p
0	24	0	−1	−2	0～0.1
3.69	22.73	0.093	−1	−2	0.1～1
0.36	38.80	−12.65	−1	−2	1～10
0.6167	46.5	−166.67	−1	−2	10～100
0.3644	98.33	−2778	−1	−2	100～1000
0.3571	148.62	−47500	−1	−2	1000～5000
0.46	−490.546	57.87×105	−1	−2	5000～10000

Tilly 在表面侵蚀研究中建议采用下列多项式

$$C_D = \frac{24}{Re_p}(1 + 0.197 Re_p^{0.63} + 0.00026 Re_p^{1.387}), \quad Re_p < 2 \times 10^5 \tag{2.4-5}$$

Flemmer 和 Banks 给出了其指数形式：

$$C_D = \frac{24}{Re_p} 10^E, \quad Re_p < 8.6 \times 10^4 \tag{2.4-6}$$

其中

$$E = 0.261 Re_p^{0.639} - 0.105 Re_p^{0.431} - \frac{0.124}{1 + (\lg Re_p)^2}$$

对于下列形式的阻力表达式

$$C_D = \frac{24}{Re_p}(1 + A Re_p^m) + \frac{B}{1 + C Re_p^n} \tag{2.4-7}$$

Turton 和 Levenspiel、Haider 和 Levenspie 以及 White 分别给出了表 2.4-2 的参数。

表 2.4-2　　　　　　　　　　　　常数 A、B、C、m 和 n

研究者	A	B	C	m	n
Turton 和 Levenspiel	0.173	0.413	16300	0.657	−1.09
Haider 和 Levenspie	0.1806	0.4251	6881	0.6459	−1
White	1/60	6	1	1	0.5

在研究有旋流场中的颗粒运动时，Dring 和 Suo 建议公式如下

$$C_D = \begin{cases} 4.5 + \dfrac{24}{Re_p}, & Re_p < 1 \\ 28.5 - 0.8421 \lg Re_p + 0.06919(\lg Re_p)^2, & 1 \leqslant Re_p < 60 \\ 29.065 - 1.3831 \lg Re_p + 0.19887(\lg Re_p)^2, & 60 \leqslant Re_p < 3000 \\ 0.4, & Re_p \geqslant 3000 \end{cases} \quad (2.4-8)$$

在涡轮机械流场中，Clevenger 和 Tabakeff 建议采用

$$C_D = \begin{cases} 4.5 + \dfrac{24}{Re_p}, & Re_p < 1 \\ 28.5 - 24A + 9.0682A^2 - 1.7713A^3 + 0.1718A^4 - 0.0065A^5, & 1 \leqslant Re_p < 3000 \\ 0.4, & Re_p \geqslant 3000 \\ A = \lg Re_p \end{cases}$$

$$(2.4-9)$$

在旋流分离器中，Flagan 建议采用

$$C_D = \begin{cases} \dfrac{24}{Re_p}, & Re_p < 0.1 \\ \dfrac{24}{Re_p}\left[1 + \dfrac{3}{16}Re_p + \dfrac{3}{40}Re_p^2 \ln(2Re_p)\right], & 0.1 \leqslant Re_p < 2 \\ \dfrac{24}{Re_p}(1 + 0.15Re_p^{0.687}), & 2 \leqslant Re_p < 500 \\ 0.44, & 500 \leqslant Re_p < 2 \times 10^5 \end{cases} \quad (2.4-10)$$

2.4.2 非球形颗粒的阻力规律

实际工程中，颗粒绝大多数是非球形的，为了能应用球形颗粒的阻力系数规律，通常用引入一些修正系数的方法来求非球形颗粒的阻力系数，常用的修正因子为颗粒形状系数 φ。形状系数 φ 的定义是在相同的体积下，球形颗粒表面积 A_{Sp} 和不规则形状的颗粒表面积 A 之比值，即 $\varphi = A_{Sp}/A$。表 2.4-3 列出了对称形状物体的形状系数 φ 值（表中 l、h、r 分别为长、高和半径）。

表 2.4-3　　　　　　　　　　对称形状物体的形状系数 φ 值

颗粒形状		φ	颗粒形状		φ
球形		1.0	圆盘	$h=r$	0.827
正八面体		0.906		$h=r/3$	0.594
八面体		0.846		$h=r/10$	0.323
立方体		0.806		$h=r/15$	0.220
正四面体		0.670	圆柱	$h=3r$	0.860
棱柱	$l \times l \times 2l$	0.767		$h=10r$	0.691
	$l \times 2l \times 2l$	0.761		$h=20r$	0.580

非规则形状的工程材料，由于形状相差颇远，因此数据出入很大，表 2.4-4 列出的一些数据可供参考。

表 2.4 - 4 非规则形状工程材料的形状系数 φ 值

颗粒形状	φ	颗粒形状	φ
砂	0.862	煤粉	0.62~0.89
尖锐河沙	0.667	无烟煤	0.667
河沙	0.756	焦炭	0.373
石英沙	0.552~0.629	人造石英粉	0.667~0.87

非球形颗粒的阻力系数 C_D 可写成

$$C_D = f(Re_p, \varphi) \qquad (2.4-11)$$

其中

$$Re_p = |\overrightarrow{V}_p - \overrightarrow{V}_f| d_{eff} / \nu_f$$

式中：d_{eff} 为等效球形颗粒直径。

对于形状系数为 φ 的非球形颗粒，其阻力系数也可写成式（2.4 - 7）的形式，很多研究者对各种 φ 的非球形颗粒进行了实验研究，得到了常数 A、B、C、m、n 值，见表 2.4 - 5。

表 2.4 - 5 各种 φ 的非球形颗粒阻力系数 A、B、C、m、n 值

φ	A	B	C	m	n
1	0.1806	0.4251	6880.95	0.6459	-1
0.906	0.2155	0.8203	1080.835	0.6028	-1
0.846	0.2559	1.2191	1154.13	0.5876	-1
0.806	0.2734	1.406	762.39	0.5510	-1
0.670	0.4531	1.945	101.178	0.4484	-1
0.230	2.5	15.0	30.0	0.21	-1
0.123	4.2	28.0	19.0	0.16	-1
0.043	7.0	67.0	7.0	0.13	-1
0.026	11.0	110.0	5.0	0.12	-1

图 2.4 - 3 给出了式（2.4 - 11）中非球形颗粒阻力系数的曲线。

表 2.4 - 5 中的各常数对 φ 采用最小二乘法拟合，可得

$$\begin{cases} A = \exp(2.3288 - 6.4581\varphi + 2.4486\varphi^2) \\ B = \exp(4.905 - 13.8944\varphi + 18.4222\varphi^2 - 10.2599\varphi^3) \\ C = \exp(1.4681 + 12.2584\varphi - 20.7322\varphi^2 + 15.8855\varphi^3) \\ m = 0.0964 + 0.5565\varphi \\ n = -1 \end{cases} \qquad (2.4-12)$$

将式（2.4 - 12）代入式（2.4 - 7）可得一个较精确的非球形颗粒阻力计算公式，但非常复杂，作为较近似的表达式，可拟合成

$$C_D = \frac{24}{Re_p}[1 + 8.1716\exp(-4.0655\varphi)Re_p^{0.0964+0.5565\varphi}] + \frac{73.69\exp(-5.0748\varphi)}{1 + 5.378\exp(6.2122\varphi)Re_p^{-1}}$$

$$(2.4-13)$$

对于椭球，通常采用形状因子 E，E 定义为轴长 L_1 与 L_2 的比值，椭球运动方向为沿

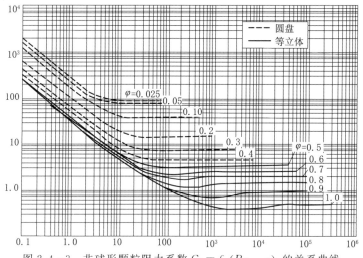

图 2.4-3　非球形颗粒阻力系数 $C_D = f(Re_p, \varphi)$ 的关系曲线

L_1 方向。Milltzer 等人给出了椭球的阻力系数的表达式

$$C_D = \frac{4+E}{5} \left[1 + 0.00096\frac{Re_p}{E} - 0.000754 Re_p E + \frac{0.0924}{Re_p} + 0.00276E^2 \right] \times$$

$$\left[\frac{24}{Re_p}(1 + 0.15 Re_p^{0.687}) + \frac{0.42}{1 + 42500 Re_p^{-1.16}} \right] \qquad (2.4-14)$$

式（2.4-14）对于 $0.2 \leqslant E < 5$，能较好地适用于 $1 \leqslant Re_p \leqslant 200$，对于 $E = 5$，限制在 $1 \leqslant Re_p \leqslant 100$。

2.4.3　可变形颗粒的阻力规律

可变形颗粒一般是指空泡和液滴，简称流体球。流体球与刚体球的主要区别在于流体球在相对运动中的可变形和它内部的环形循环流动。如水中运动的空泡，实验发现当 $Re_p \leqslant 500$ 时，空泡呈球形，但随着颗粒雷诺数的增加，空泡将变成扁的椭球形，当 $Re_p > 5000$ 时，将从扁的椭球变为球形帽。同时当空泡直径大于 0.3mm 时，就有环形循环流动产生，而且直径越大，环流就越强，循环流情况如图 2.4-4 所示。

由于流体有上述的特点，所以流体球的阻力系数不同于刚体球颗粒。若流体球在静止、无界的介质中作极慢的运动（$Re_p \ll 1$），可得出其阻力系数

$$C_D = \frac{24}{Re_p} \frac{3\mu^* + 2}{3\mu^* + 3} \qquad (2.4-15)$$

式中：μ^* 为流体球内部流体动力黏性系数与流体球外部流体动力黏性系数的比值（μ_p/μ_f）。对于水中运动的空泡，其阻力系数理论值约为

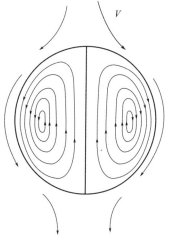

图 2.4-4　流体球中的循环流动

$$C_D = \frac{16}{Re_p} \qquad (2.4-16)$$

45

由此可见，在相同的 Re_p 下，固体球形颗粒的阻力系数最大，液滴其次；而空泡最小，约为刚性球理论值的 2/3。这主要是因为在水流中，空泡最易变成流线型，以上公式的适用范围为 $Re_p \leqslant 0.4$，通常也称为斯托克斯运动规律。对于高雷诺数流动，Levich 在假定空泡和流体分界面上切向剪应力为 0 的条件下，得出空泡的阻力系数为

$$C_D = \frac{48}{Re_p} \qquad\qquad (2.4-17)$$

Moure 曾对高雷诺数下空泡和流体分界面上的切向剪应力分布作了假定，并由此得出其阻力系数为

$$C_D = \frac{31}{Re_p} \qquad\qquad (2.4-18)$$

由于流体球和外部流体分界面上的边界条件情况较为复杂，因此，在不同的假定下所得到的结果也各不相同，不过作为近似计算，式（2.4-17）和式（2.4-18）都可以参考。

Haberman 和 Morton 曾给出了类似于固体球形颗粒标准阻力曲线的流体球阻力曲线，它是空泡在 19℃水中所得到的实验数据，如图 2.4-5 所示。由图可见，颗粒雷诺数较低时（$Re_p < 30$），因空泡保持球形，而且环流影响不显著，流体球阻力曲线与固体球颗粒标准阻力曲线一致。当颗粒雷诺数进一步增加时，因内部环流影响，使流体球表面边界层变为湍流，导致阻力系数迅速下降，在临界颗粒雷诺数 Re_{pc}（700～800）时，阻力系数 C_D 约为 0.1；当 $Re_p > Re_{pc}$ 时，球形空泡变为椭球状，阻力系数增大；$Re_p > 7000$ 时，流体球变形为球形帽，则阻力系数趋于不变。如果流体球的尺寸很小（如几个微米），则可认为流体球不发生变形，可作为固体颗粒来处理。

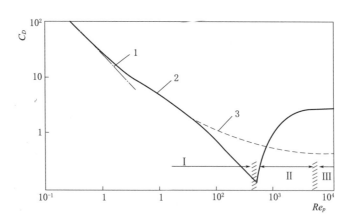

图 2.4-5　流体球阻力曲线

1—斯托克斯定律；2—流体球阻力曲线；3—刚性球阻力曲线；Ⅰ—球形气泡；Ⅱ—椭球气泡；Ⅲ—半球形帽气泡

Mei 和 Klausener 对流体球的 Saffman 升力系数 K_S 也进行了修正：

$$K_{Si} = 0.7163 \frac{3\mu^* + 2}{3\mu^* + 3} J(\varepsilon_i) \qquad\qquad (2.4-19)$$

其中

$$\varepsilon_i = \left| \nu_f \frac{\partial V_{fj}}{\partial x_i} \right|^{\frac{1}{2}} \Big/ |V_{fj} - V_{pj}|$$

当 $0.1 \leqslant \varepsilon_i \leqslant 20$ 时，有

$$J(\varepsilon_i)=0.6765\{1+\tanh[2.5(\lg\varepsilon_i+0.191)]\}\{0.667+\tanh[6(\varepsilon_i-0.327)]\}$$
$$(2.4-20)$$

$J(\varepsilon)|_{\varepsilon\gg1}\approx2.255$，可见当 $\varepsilon\gg1$ 时，Saffman 升力系数为

$$K_{Si}=1.615\frac{3\mu^*+2}{3\mu^*+3}J(\varepsilon_i) \qquad (2.4-21)$$

如果流体球为空泡，其 Saffman 升力系数也约为刚性球理论值的 2/3。

2.4.4　壁面附近颗粒的阻力规律

球形颗粒的标准阻力系数曲线是在流动空间无限大的条件下得到的，即此时流场的定性尺寸 D 远远大于颗粒的定性尺寸 d_p（$\lambda=d_p/D$，$\lambda\ll1$），因此壁面的存在对颗粒阻力的影响可以被忽略。但在工程实际问题中，颗粒是在一定的流场中运动，如管道中的颗粒悬浮物输送，水轮机中的含沙水流运动等。由于壁面的存在，就改变了流动的边界条件，因此颗粒在流体中的运动情况及阻力系数也会随着发生变化。

Coutanceau 对球形颗粒在管道中沿轴线运动的研究发现，受壁面影响的颗粒后面的尾迹区域减小，在 $\lambda\leqslant0.8$（这里 d_p 为颗粒直径，D 为管径）的情况下，流动出现分离的雷诺数 Re_p 比在 $\lambda\ll1$ 的情况下有所增加。

$$Re_p=\frac{20}{(1-\lambda)^{0.56}} \qquad (2.4-22)$$

同时还发现，斯托克斯阻力系数公式的适用范围也随 λ 的增大而增大。

这里引入考虑壁面影响的阻力系数修正因子 K_w：

$$K_w=\frac{C_D}{C_{D\infty}} \qquad (2.4-23)$$

式中：C_D 为有界流动中球形颗粒的阻力系数；$C_{D\infty}$ 为无界流动中（$\lambda\gg1$）球形颗粒的阻力系数。

K_w 可表示成 λ 的函数 $f(\lambda)$。在较低颗粒雷诺数（$Re_p<1$）下，K_w 值可用下式表示：

$$K_w=f(\lambda)=\frac{1}{1-c\lambda} \qquad (2.4-24)$$

这里，λ 定义为颗粒半径与颗粒质心到壁面的最短距离的比值，C 为取决于壁面情况的常数。表 2.4-6 给出了不同壁面情况下的 C 值。

表 2.4-6　　　　　　　　　　　　不同壁面情况下的 C 值

壁面情况	颗粒位置	颗粒运动方向	C
管道	在轴线上	沿轴线运动	2.10444
	不在轴线上	平行轴线运动	7.7
两平行平板间的流动（板间距为 L）	两平板中间（$L/2$）	平行壁面运动	1.004
	两平板间 $L/4$ 处	平行壁面运动	0.6526
一平板壁面		平行壁面运动	0.5625
		垂直壁面运动	1.125

对于 $Re_p<50$ 的流动情况，Fayon 和 Happel 建议用下式来考虑颗粒在管道容器中运

动时受壁面的影响情况。

$$K_w = 1 + \frac{24}{Re_p} C_{D\infty}(K-1) \tag{2.4-25}$$

式中：K 是 λ 的函数，不同的研究者提出了各自的经验关联式，见表 2.4-7。

表 2.4-7　　　　　　　　　　　　　　**K 值 的 经 验 关 联 式**

研究者	K	适用于 λ 的范围
Ladenbury	$1 + 2.105\lambda$	$\lambda < 0.05$
Faxen	$(1 - 2.104\lambda + 2.09\lambda^3 - 0.95\lambda^5)^{-1}$	$\lambda < 0.6$
Haberman 和 Sayre	$\lambda < 0.13$	$(1 - 0.475\lambda)/(1-\lambda)^4$
Francis	$\dfrac{1 - 0.75857\lambda^5}{1 - 2.105\lambda + 2.0865\lambda^3 - 1.7068\lambda^5 + 0.726\lambda^6}$	$\lambda < 0.6$

当颗粒雷诺数更大（$100 < Re_p < 1 \times 10^4$）时，实验发现 K_w 值与 Re_p 无关，K_w 有下列关联式：

$$K_w = \frac{1}{1 - 1.6\lambda^{1.6}}, \quad \lambda \leqslant 0.6 \tag{2.4-26}$$

对 $Re_p > 1 \times 10^5$ 的流动，Achenbach 的研究结果表明：

$$K_w = \frac{1 + 1.45\lambda^{4.5}}{(1 - \lambda^2)^2}, \quad \lambda \leqslant 0.92 \tag{2.4-27}$$

Faxen 给出了平行于平板壁面方向较精确的 K_w 表达式：

$$K_w = \left(1 - \frac{9}{16}\lambda + \frac{1}{8}\lambda^3 - \frac{45}{256}\lambda^4 - \frac{1}{16}\lambda^5\right)^{-1} \tag{2.4-28}$$

Brenner 和 Maude 给出了垂直于平板壁面方向的较精确的 K_w 表达式：

$$K_w = 1 + \frac{9}{8}\lambda + \left(\frac{9}{16}\lambda\right)^2 \tag{2.4-29}$$

研究表明，随着 λ 值的增加，壁面对颗粒阻力系数的影响越大，颗粒阻力系数将有更大的增加。由于壁面的存在使颗粒阻力系数比不考虑壁面影响时有较大的增加，因此在工程实际中必须考虑壁面对阻力的影响，尤其是边界层中。如果忽略壁面的影响，则必将给流动计算带来较大误差。

2.4.5　颗粒浓度对两相流动及阻力规律的影响

前面的讨论只涉及单个球形颗粒的情况，如果颗粒浓度较高，由于颗粒间的某种形式的相互作用，其有效阻力系数可能与单个颗粒阻力系数不同，除了在浆体输送的极高浓度情况以外，相同尺寸颗粒之间的碰撞是较少发生的。不过，具有均一尺寸的颗粒流动是很少有的，不同尺寸的颗粒由于各自运动轨迹不同将发生碰撞，并且颗粒尾迹的体积可比颗粒本身的体积大 2~3 个数量级，所以即使颗粒本身所占的体积很小，互相之间不发生碰撞，但颗粒尾迹的相互干扰作用也可相当大。

因为颗粒相是分散相，其颗粒尺寸有大有小，它们在流体中的分布又是随机的，所以要严格来描述其运动规律是十分困难的。对于低颗粒雷诺数下的颗粒群运动，一般引入一些近似的物理模型加以简化求解，较为流行的是网格模型，它的假设条件是：

所有球形颗粒在流体中的分布是均匀的，亦即假定球粒被以半径为 b 的流体球所包围，通过此边界实现对其他颗粒的流体动力作用，每个颗粒所产生的扰动局限于这个网格范围内（见图 2.4-6）。

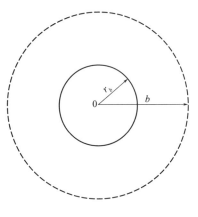

设在两相流体容积 V 内球形颗粒所占容积为 V_p，此时的容积浓度为 $C_V = V_p/V$。在此容积内的颗粒数 N 约为 $3V_p/(4\pi r_p^3)$，扣除颗粒后，每个网格充满流体的容积为 $V' = (4/3)\pi(b^3 - Nr_p^3)$。很明显，$V' \approx (4/3)\pi b^3(1 - C_V)$，因此，可得到流体球的半径，即网格的外边界为

$$R = \frac{br_p}{C_V^{1/3}} \qquad (2.4-30)$$

图 2.4-6　颗粒群运动网格模型

这样就可以把描述对单颗粒绕流的运动方程式推广到颗粒群的运动上，只不过此时的边界条件有所不同。对于单个颗粒，外边界应为无限大，即 $V|_{R\to\infty} = V_\infty$，而对于颗粒群，外边界则为 $R = b$，由它反映出颗粒间的流体动力相互作用。由于颗粒群相互作用的机理目前尚不是很清楚，因此，边界条件也有不同的假定，作为例子，这里采用两种不同的边界条件来讨论。

Happel 假定，外边界起着自由表面作用，在此表面上垂直正向分速度及切向应力趋于 0，即 $R = b$ 时，$V_R = 0$，$\tau_{R\theta} = 0$。当不考虑惯性力作用时，该函数应满足方程

$$D^2(D^2\psi) = 0 \qquad (2.4-31)$$

其中

$$D^2 = \frac{\partial^2}{\partial r^2} + \frac{\sin\theta}{r^2}\frac{\partial}{\partial\theta}\left(\frac{1}{\sin\theta}\frac{\partial}{\partial\theta}\right)$$

式中：D^2 为斯托克斯算符。

这里采用相对坐标：$r = R/r_p$，则在网格边界上，$r = \xi = b/r_p = C_V^{-\frac{1}{3}}$；在颗粒表面上，$r = 1$，边界条件如下。

（1）在网格边界上：

$$V_r|_{r=\xi} = V_\infty\cos\theta,\ \tau_{r\theta}|_{r=\xi} = \mu_f\left(\frac{\partial V_\theta}{\partial r} + \frac{1}{r}\frac{\partial V_r}{\partial\theta} - \frac{V_\theta}{r}\right)\Big|_{r=\xi} = 0 \qquad (2.4-32)$$

（2）在颗粒表面上：

$$V_r|_{r=1} = 0,\ V_\theta|_{r=1} = 0 \qquad (2.4-33)$$

设流函数 $\psi = f(r)\sin^2\theta$，并代入式（2.4-31）。可得其通解

$$\psi = \left(\frac{A}{r} + Br + Cr^2 + Dr^4\right)\sin^2\theta \qquad (2.4-34)$$

将边界条件式（2.4-32）和式（2.4-33）代入式（2.4-34），可确定出

$$A = \xi G,\ B = -(3\xi^6 + 2\xi)G,\ C = (3\xi + \xi^6),\ D = -\xi G \qquad (2.4-35)$$

其中

$$G = \frac{V_\infty}{2 - 3\xi + 3\xi^5 - 2\xi^6}$$

在求得流函数分布后，即可求出速度场及阻力系数。

Kuwakara 认为在外边界，流体除了垂直正向分速度趋于 0 外，在网格边界上是不扰动的平行流动，因而其漩涡 Ω 也等于 0，此时，边界条件式（2.4-32）应改成（其他边

界条件同 Happel)。

$$\Omega\big|_{r=\xi} = \left(\frac{\partial V_\theta}{\partial r} + \frac{V_\theta}{r} - \frac{1}{r}\frac{\partial V_r}{\partial \theta}\right)\Big|_{r=\xi} = 0 \tag{2.4-36}$$

对于 Kuwakara 的假设，可得解

$$A' = \frac{G'}{4}\left(1 - \frac{2}{5\xi^3}\right), B' = \frac{3}{4}G', C' = \frac{G'}{2}\left(1 + \frac{1}{2\xi^2}\right), D' = \frac{3}{2}\frac{G'}{\xi^3} \tag{2.4-37}$$

其中

$$G' = \frac{V_\infty}{\left(1 - \frac{1}{\xi}\right)^3\left(1 + \frac{6}{5\xi} + \frac{3}{5\xi} + \frac{1}{5\xi^3}\right)}$$

把所得到的常数 A'、B'、C'、D' 值代入式 (2.4-34)，即可求出流函数的分布

$$\psi = \left(\frac{A'}{r} + B'r + C'r^2 + D'r^4\right)\sin^2\theta \tag{2.4-38}$$

球形颗粒的运动阻力和能量耗散函数 Φ 有关，由黏性流体流动原理可知，Φ 值可用下式表示：

$$\Phi = \mu_f\left[2\left(\frac{\partial V_r}{\partial r}\right)^2 + \frac{1}{2}\left(\frac{1}{r}\frac{\partial V_\theta}{\partial \theta} + \frac{V_r}{r}\right)^2 + 2\left(\frac{V_r}{r} + \frac{V_\theta}{r}\cot\theta\right)^2 + \left(\frac{1}{r}\frac{\partial V_r}{\partial \theta} + \frac{\partial V_\theta}{\partial r} - \frac{V_\theta}{r}\right)^2\right] \tag{2.4-39}$$

利用流函数求出 V_r、V_θ 并代入式 (2.4-39)，则可求出整个网格内的流体中所有的耗散能量为

$$\int_0^\pi\int_1^\xi 2\pi\Phi\xi^2\sin\theta\mathrm{d}\theta\mathrm{d}\Phi = 16\pi\mu_f\xi^{-5}\big[3A^2(\xi^2-1) + 2AB\xi^2(\xi^2-1) + B^2\xi^4(\xi-1) -$$
$$2BD\xi^5(\xi^2-1) + 2D\xi^5(\xi^5-1)\big] \tag{2.4-40}$$

式 (2.4-40) 也是单位体积的耗散能量，因为是用相对坐标表示的，即为单位半径中所消耗的功，其数值等于 $F_D V_\infty/r_p$，把 A'、B'、C'、D' 值代入式 (2.4-40)，即可求得球形颗粒群的运动阻力

$$F_D = 6\pi\mu_f r_p V_\infty L(\xi) = \frac{1}{2}\pi C_D r_p^2 V_\infty^2 \tag{2.4-41}$$

阻力系数为

$$C_D = \frac{24}{Re_p}L(\xi) \tag{2.4-42}$$

其中 $L(\xi) = \left(1 + \frac{5}{50\xi} + \frac{3}{50\xi^2} + \frac{7}{25\xi^3} + \frac{2}{5\xi^4} + \frac{12}{25\xi^5} + \frac{4}{25\xi^7} + \frac{2}{25\xi^8}\right)\left(1 - \frac{1}{\xi}\right)^{-3}\left(1 + \frac{6}{5\xi} + \frac{3}{5\xi^2} + \frac{7}{5\xi^3}\right)^{-2}$

$$= 1 + \frac{81}{50\xi} + \frac{324}{125\xi^2} + \frac{13783}{1250\xi^3} + \cdots \tag{2.4-43}$$

当 $b\to\infty$ 时有 $\xi\to\infty$，$L(\xi) = 1$，则上式即为单个颗粒的斯托克斯阻力系数公式。

上面列出的两种不同边界条件下方程的求解方法，其所得的结果是不相同的，最大误差约为 25%。值得注意的是，以上理论公式只适用于同一直径的颗粒，并且均布，其颗粒雷诺数 $Re_p < 1$ 的情况。当 $Re_p > 1$ 时，惯性项不能再被忽略，与单颗粒运动一样，此时很难对方程式进行求解。而工程问题中经常碰到的是 $Re_p > 1$ 的颗粒运动，对此，Ledair 仍采用网格理论模型，利用计算机对下列涡-流函数进行数值求解：

$$\begin{cases} D^2(\Omega r\sin\theta)=\dfrac{Re_p}{2}\left[\dfrac{\partial\psi}{\partial r}\dfrac{\partial}{\partial\theta}\left(\dfrac{\Omega}{r\sin\theta}\right)-\dfrac{\partial\psi}{\partial\theta}\dfrac{\partial}{\partial r}\left(\dfrac{\Omega}{r\sin\theta}\right)\right]\sin\theta \\ D^2\psi=\Omega r\sin\theta \end{cases} \tag{2.4-44}$$

速度定义为

$$V_r=-\frac{1}{r^2\sin\theta}\frac{\partial\psi}{\partial\theta},\ V_\theta=-\frac{1}{r\sin\theta}\frac{\partial\psi}{\partial r}$$

求解的边界条件如下。

（1）颗粒表面上：

$$R=1,\ \psi=0,\ \frac{\partial\psi}{\partial r}=0,\ \Omega=\frac{1}{\sin\theta}D^2\psi \tag{2.4-45}$$

（2）网格边界上：

$$r=\xi,\ \Omega=0 \tag{2.4-46}$$

将式（2.4-44）化为差分方程后，代入边界条件式（2.4-45）和式（2.4-46），就可进行数值求解。

第3章 水轮机沙水流动数值计算

水轮机是水力发电系统中的核心部件,在旋转湍流下工作会产生压力脉动、空化、泥沙磨损、流激振动等严重影响机组正常运行的问题,特别是在多泥沙河流中,水轮机泥沙磨损问题尤为突出,是影响水轮机安全、可靠运行的关键因素。随着计算机技术的快速发展,数值模拟已成为当前研究水轮机内部流场及其复杂流动机理的重要工具。

3.1 三维水体模型建立

水轮机内部流动是复杂的三维非定常黏性流动。长期以来,为了模拟水轮机的内部流动,人们一直在寻找适合水轮机各过流部件流动的计算方法,以期改善水轮机的机械结构和运行条件等,进而设计出高性能的水轮机,以创造更大的社会效益和经济效益。近年来随着计算机技术的迅猛发展,三维湍流计算已经在水轮机内部三维流动分析中占据了主要的地位。建立几何模型是水轮机三维流动分析中前期的基础工作,所建立的几何模型精度会直接影响后续计算的成功与否以及计算的准确性。

在影响水轮机水力性能的各因素中,决定水轮机水力性能的是其过流部件的表面几何形状,由于混流式水轮机的转轮叶片是非常复杂的空间曲面体,所以建立水轮机过流部件的三维模型是一项很复杂的工作。

三维造型中的关键是曲线曲面的数学表述问题。在水轮机的三维造型中,与传统的圆柱形叶片不同,转轮叶片多为复杂的三维空间扭曲曲面,因此叶片表面及其控制线的造型至关重要。结合扭曲叶片的实际情况,这部分的数学模型可采用当前最流行的非均匀有理化 B 样条方法(Non-Uniform Rational B-Spline,NURBS)。国际化标准组织(ISO)于1991年颁布了关于工业产品数据交换的 TSEP 国际标准,将 NURBS 方法作为定义工业产品几何形状的唯一数学描述方法,许多工程软件公司也纷纷采用此方法。

一般可在三维建模软件中导入二维图形文件,建立坐标系后进行基准定位,作相应的空间位置调整后,利用三次样条曲面法再造水轮机的叶片,给出水轮机叶片的曲面拟合数学模型。再对蜗壳、导叶、尾水管等过流部件进行几何模型的建立,开展水轮机过流部件的几何数字化建模,为分析水轮机的流动性能作准备。

根据水轮机各过流部件(主要包括蜗壳、导水机构、转轮和尾水管)的单线图,应用三维建模软件建立的渔子溪水电站 HLA542-LJ-215 型长短叶片混流式水轮机三维水体模型如图 3.1-1 所示,其中活动导叶水体模型应在所选水轮机工况下进行建模。

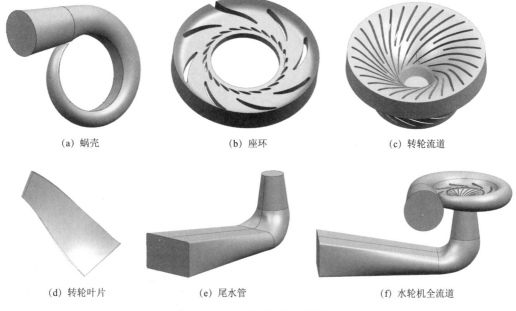

(a) 蜗壳   (b) 座环   (c) 转轮流道

(d) 转轮叶片   (e) 尾水管   (f) 水轮机全流道

图 3.1-1 水轮机三维水体模型

3.2 计 算 网 格 划 分

高质量的网格是成功实现数值模拟的前提条件，网格的数量和质量是影响计算精度最重要的因素之一。在模拟过程中，要避免过疏或者过密的网格出现。过疏的网格会使得出的解不精确甚至会得出错误的解，在一定程度上使得计算的结果变得不收敛；过密的网格则会大大增加计算量，要求计算机有更高的硬件配置，同时耗费的计算时间也大幅增加。偏微分方程组只能求得近似数值解，为减少计算误差，网格节点的数量要满足计算结果不再随着网格数量的增多而发生明显的变化为止。在速度、温度等梯度较大的区域，必须保证网格足够细密，尽量使网格单元的倾斜度减小，使梯度小的区域网格数目减少。

一般可将通过三维建模软件建立的各过流部件几何模型导入网格划分软件，划分六面体结构化网格，并进行网格质量检查，对不满足要求的文件在局部区域进行网格加密后再进行网格划分。可借助专用的网格生成软件如 ICEM CFD 和 IGG 对蜗壳、转轮、固定导叶、活动导叶、尾水管三维水体模型分别进行六面体结构化网格划分，然后将分别生成的网格进行合并得到整个水轮机三维计算网格。在网格划分过程中通过试算来进行网格无关性分析，最终生成水轮机三维六面体网格，渔子溪水电站 HLA542 - LJ - 215 型长短叶片混流式水轮机计算网格如图 3.2 - 1 所示，各部件网格数见表 3.2 - 1。

表 3.2 - 1   水轮机各部件网格数   单位：万个

蜗壳	固定导叶	活动导叶	转轮	尾水管
238.4	206.5	326.5	742.8	307.4

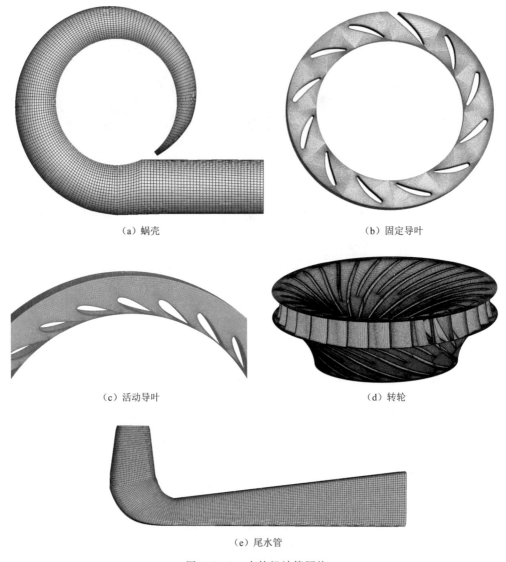

（a）蜗壳　　　　　　　　　　　　　　（b）固定导叶

（c）活动导叶　　　　　　　　　　　　（d）转轮

（e）尾水管

图 3.2 - 1　水轮机计算网格

3.3　边界条件和泥沙初始条件确定

3.3.1　流动边界条件

　　要确定一个有唯一解的物理问题，必须指定边界上的流场变量，如进入流体域的流量、动量、能量等。边界条件包括确定边界位置、提供边界上的信息。边界条件类型和所采用的物理模型决定了边界上需要的数据。需要注意边界上的流体变量应该是已知的或可以合理预估的，不好的边界条件对计算结果影响将很大。

　　流体域是一系列单元的集合，在其上求解所有激活的方程。需要选择流体材料，对多组分或多相流，还应包含这些相的混合物。边界的位置和形状能保证流体或者进入流体域，或者流出流体域，这样能更好地收敛。垂直边界的方向不应有大的梯度，应减少近边界的网格扭曲度，否则在计算初期会带来误差。边界条件一般按下列方法进行设置。

（1）速度入口设置：给定速度大小，垂直入口或方向分量。可给定入口均匀速度分布，也可以给定分布入口条件。速度入口用于不可压流动，不建议用于压缩流。速度大小可以是负值，意味着出口。

（2）压力入口设置：压力入口适用于压缩流和不可压缩流，压力入口被处理为从滞止点到入口的无损失过渡，通过边界的流量随内部流场求解和指定的流动方向而改变。需要的信息：表总压，超音速/初始表压；入口流动方向，湍流量（如是湍流），总温（如果有传热和/或压缩）。

（3）流量入口设置：流量入口是为可压缩流设计的，但也可以用于不可压流动，要调整总压以适合流量入口，这种设置比压力入口设置更难收敛。要求的信息：质量流量或流率；超音速/初始表压。如果当地为超音速，取静压；如果是亚音速，忽略此项；如果初始流场由此边界设定，则用于初始流场计算。对不可压缩流总温取静温。

（4）压力出口设置：适用于压缩和不可压流。如果流动在出口是超音速的，压力被忽略；在外流或非封闭区域流动，作为自由边界条件。要求的信息：表压（流体流入环境的静压）；回流量（当有回流发生时，起到进口的作用）。对理想气体（可压缩）流动，可以使用无反射出口边界条件。

（5）流量出口设置：不需要压力或速度信息，出口平面的数据由内部数据外插得到，边界上加入流量平衡。所有变量的法向梯度为0，流体在边界为充分发展。主要针对不可压缩流动，不能与压力进口同时使用（必须与速度进口一起使用），不能用于变密度的非稳态流动。有回流时收敛性很差，最终解如有回流，也不能使用此条件。

（6）壁面边界条件设置：黏性流动中，壁面采用无滑移边界条件，可以指定剪切应力。对一维或薄壳导热计算，可以指定壁面材料和厚度。对湍流可以指定壁面粗糙度。壁面可以设置平移或旋转速度。

（7）对称面和轴对称设置：对于流场和几何都是对称的，必须仔细确定正确的对称面位置，对称面法向速度为0，对称面所有变量法向梯度为0。

（8）周期边界条件设置：可以用来减少全局网格量。流场和几何必须是旋转周期对称或平移周期对称，在流体域中必须指定旋转轴。旋转周期对称，通过周期面的压差 $\Delta P=0$；平移周期对称，通过周期面的 ΔP 必须有限；要给定每个周期的平均 ΔP 或流量。

（9）湍流入口设置：对于流体相，假定流动已充分发展为湍流，则可给定湍动能 k 和能耗率 ε 为 $k|_{in}=0.005\ (V_{fi}^2)_{in}$，$\varepsilon|_{in}=3k_{in}^{1.5}/l$（$l$ 为一特征长度，对于蜗壳，则为蜗壳进口管径；对于导水机构，则为导叶高度；对于转轮，则为转轮进口边长度）。

3.3.2 泥沙初始条件

泥沙运动的初始条件（初始运动特性及初始浓度分布等）给定的正确与否，将直接影响沙水最后求解结果与实际情况的相符性，因此它们的给定是很重要的。

在稀疏颗粒动力学模型和欧拉-拉格朗日混合湍流模型中，泥沙的初始条件，即泥沙初始速度的给定可以根据表达式 $V_{p0}=e_0 V_{f0}$ 来确定。V_{p0} 为泥沙初始速度，V_{f0} 为水流初始速度水流，e_0 为初始颗粒跟随流体的跟随系数，反映了颗粒的跟随程度，一般有如下 4 种假定：

（1）$e_0=0$，即颗粒初始速度为 0，这相当于颗粒由静止状态被水流曳引加速，进入计算区域内。

（2）$0<e_0<1$，即颗粒在进入计算区域前为减速情况。

（3）$e_0=1$，这相当于颗粒在进入计算区域前被完全充分加速。

（4）$e_0>1$，即颗粒在进入计算区域前为加速情况（此情况一般不适宜固体颗粒在水和气流中的假定）。

实际上，系数 e_0 主要与颗粒尺寸和颗粒密度有关，在大颗粒和重颗粒的跟随系数 e_0 较小，小颗粒较大，e_0 一般取为 1。一般情况下，可认为在颗粒进口处颗粒的速度均匀分布，当然也可设颗粒速度按一定规律分布，并且不同尺寸的颗粒具有不同的初始速度，这将更近于实际情况。为了获得一个光滑的浓度曲线，应该给定足够多的颗粒位置的计算点。在进口处，通常用离散直径来表示颗粒尺寸的连续分布。离散直径取几档应该根据具体情况确定，一般取 3~5 个尺寸段以充分描述分散颗粒群的运动规律。

对于两流体模型，泥沙的初始条件一般按水轮机进口泥沙浓度给定，泥沙浓度一般按均匀分布给定，也可按某一分布函数给定，泥沙的速度和压力一般与水流相同。

3.4　沙水流动计算及结果分析

3.4.1　流动计算基本参数

这里对渔子溪水电站 HLA542 - LJ - 215 型长短叶片混流式水轮机进行沙水流动计算，表 3.4 - 1 为渔子溪水电站水轮机基本设计参数，表 3.4 - 2 为渔子溪水电站过机泥沙计算参数。

表 3.4 - 1　　　　　　　　　渔子溪水电站水轮机基本设计参数

参　数	数值	参　数	数值
最大水头/m	318	固定导叶的数量 Z_2/个	12
设计水头/m	290	活动导叶的数量 Z_1/个	20
最小水头/m	260	转轮叶片数/个	15（长）+15（短）
设计流量/(m³/s)	17.5	最大飞逸转速/(r/min)	820
额定出力/MW	45.8	吸出高度/m	−3.5
额定转速/(r/min)	500	安装高程/m	875.80

表 3.4 - 2　　　　　　　　　渔子溪水电站过机泥沙计算参数

参数	含沙量/(kg/m³)	沙粒体积分数	泥沙中值粒径/mm	沙粒密度/(kg/m³)
取值	3.0	0.0011	0.1	2650

计算边界条件，设置水轮机进口速度（流速为 8.7m/s）；水轮机出口压力（压力为

72216Pa），方向垂直于出口面；水轮机进口沙水浓度 C_V（含沙量 3.0kg/m³ 或沙粒体积分数 0.0011），泥沙均匀分布。

当雷诺数超过一定数值时，流体的流动状态将会从层流变为湍流。CFD 有多种湍流模型，如 Spalart - Allmaras 模型、k-ε 模型、k-ω 模型等。不同模型的适应范围是不同的。国内外相关研究中，使用比较多的湍流模型有标准 k-ε 模型、RNG k-ε 模型以及 SST 模型。研究表明，标准 k-ε 模型用于完全是湍流的流场，可以比较理想地模拟一些复杂的流动，如环流、边壁射流、渠道流和平面斜冲击流、剪切流动等。有较高的计算精度、比较好的经济性和稳定性。水轮机内部流动介质无论是清水还是沙水，内部流动都是非常充分的湍流流动。这里采用在工程领域广泛使用的标准 k-ε 模型。

3.4.2 蜗壳内流动

由计算获得水轮机在设计工况下蜗壳内的压力、浓度、速度和流线分布，如图 3.4-1 所示。

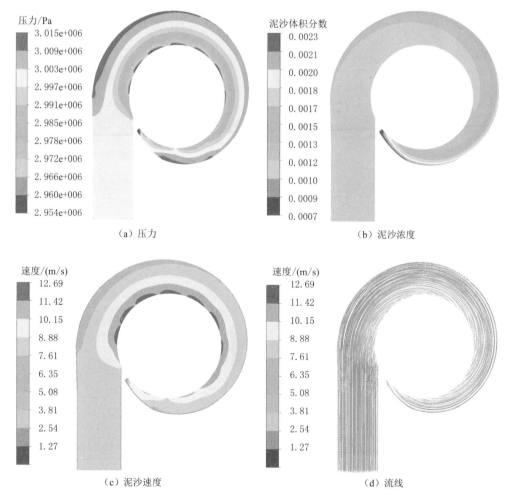

图 3.4-1　设计工况下蜗壳内的压力、浓度、速度和流线分布

从图 3.4-1 可知，蜗壳压力分布是沿着向心方向逐渐降低，过渡较为平稳，最高压力出现在鼻端以及靠近蜗壳螺旋管道外壁面的区域，最低压力出现在靠近座环的位置，在蜗壳及座环交界面处存在花瓣状的压强分布。同时在蜗壳隔舌处，压力存在突变，可认为是因为水流对隔舌及固定导叶处的撞击形成的脱流造成的局部压力变化。

水轮机蜗壳横截面泥沙浓度分布变化随着蜗壳截面面积减少，随流速增加而逐渐增大，由于离心力影响，蜗壳外壁面泥沙浓度最大。同时，由于隔舌处水流撞击导致的脱流漩涡使得隔舌所在区域泥沙浓度大于蜗壳进口段泥沙浓度。

3.4.3　导叶内流动

由计算获得水轮机在设计工况下导叶内的压力、浓度、速度和流线分布，如图 3.4-2 所示。

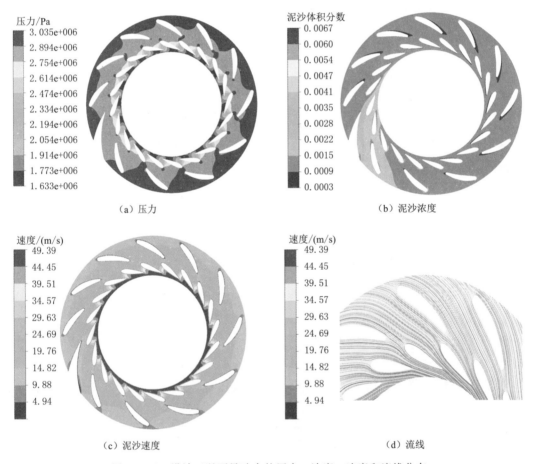

图 3.4-2　设计工况下导叶内的压力、浓度、速度和流线分布

从图 3.4-2 可知，固定导叶与活动导叶水平截面的压力分布整体沿向心方向下降，在座环外缘至固定导叶背面的大部分区域以及活动导叶头部区域的压力较大，座环外缘至固定导叶区域压力梯度较小，活动导叶头部至座环内缘压力梯度较大，且在圆周方向上压力分布也不完全对称。座环内的泥沙浓度总体变化不大，仅在固定导叶背面靠出水边的一

小区域泥沙浓度较小，活动导叶头部区域以及鼻端区域泥沙浓度稍大。从座环外缘至内缘，泥沙速度逐步增大，尤其是活动导叶出口区域泥沙的速度明显增大，此工况下，导水机构内的流动比较顺畅，没有漩涡存在。

3.4.4 转轮内流动

由计算获得水轮机在设计工况下转轮内的压力、浓度、速度和流线分布，分别如图 3.4-3～图 3.4-5 所示。

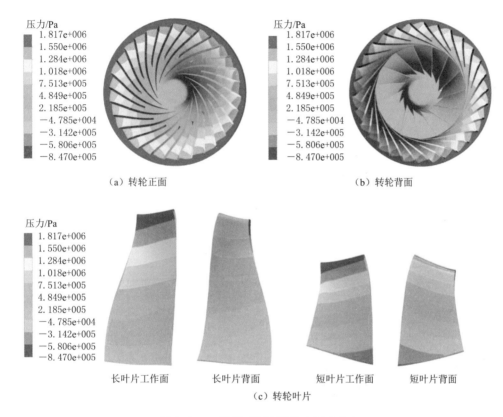

图 3.4-3　设计工况下转轮内压力分布

从图 3.4-3 可知，转轮叶片工作面的压力大于背面的压力，压力沿着向心方向逐渐地降低，有明显的梯度变化，过渡较为平稳，在圆周方向有较好的对称性，受到的径向力较小，整体压力变化不大。对比清水状态下的压力云图可以发现，两者的压力分布相似，但是压力大小不同，是因为含沙水泥沙颗粒使得转轮表面压力荷载变大。转轮叶片最高压力出现在长短叶片的头部，最低压力出现在长叶片的尾部，即转轮叶片尾部区域为低压区，长叶片尾部靠近下环压力最低。最低压力高于汽化压力，转轮理论上均不会发生空化，可以有效防止空蚀与磨损的联合作用。

从图 3.4-4 可以看出，泥沙相速度变化在各叶高流面转轮的分布规律基本一致，叶片工作面从头部到尾部，泥沙相速度总体呈现先减小后增大的规律，叶片背面泥沙相速度趋势与工作面类似，整体速度高于工作面，各流面均显示叶片头部和尾部位置的泥沙速度

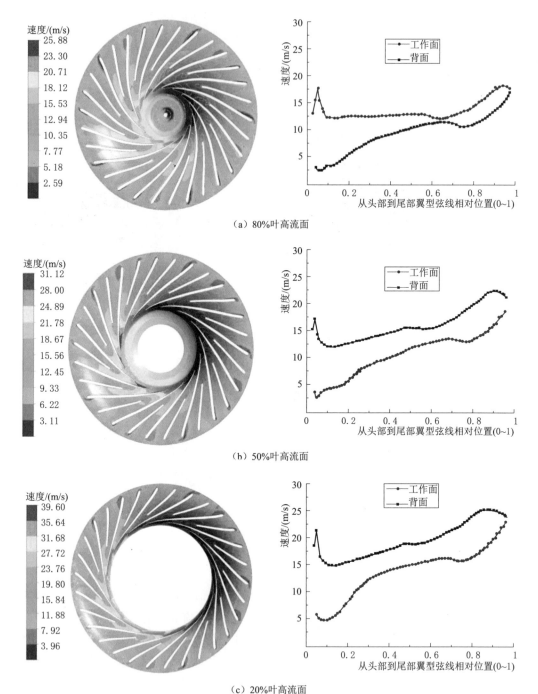

（a）80%叶高流面

（b）50%叶高流面

（c）20%叶高流面

图 3.4-4 转轮内泥沙绕流速度分布

（注：转轮叶片叶高是指叶片某处至下环的距离，转轮叶高百分比是指叶高占上冠至下环距离的比例；导叶的叶高是指导叶某处至导叶下端面的距离，导叶叶高百分比是指叶高占导叶总高度的比例。）

较高，20％叶高接近下环尾部区域速度最大，最大值约为 40m/s。由此可以推断出，在出水边及靠近下环的位置泥沙磨损更为严重。

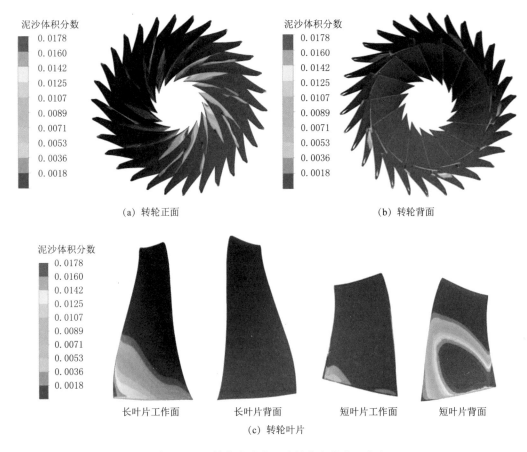

(a) 转轮正面

(b) 转轮背面

长叶片工作面　　　长叶片背面　　　短叶片工作面　　　短叶片背面

(c) 转轮叶片

图 3.4-5　转轮内浓度（沙粒体积分数）分布

从图 3.4-5 可知，转轮叶片近壁面泥沙浓度分布周向性较好，在叶片进水边和叶片出水边靠下环处泥沙浓度较大，而且越靠近出水边泥沙浓度越大，这是因为经过活动导叶绕流后的水流冲击到高速旋转的转轮叶片时，会在转轮叶片头部形成强烈的撞击漩涡流，致使叶片进水边泥沙浓度较高，由于泥沙在重力作用下有向下运动的趋势，导致整个叶片靠近下环处泥沙浓度较大，而且越靠近出水边泥沙浓度越大。由此可推测，叶片进水边和出水边是泥沙磨损较为严重的区域。泥沙浓度最大值出现在叶片尾部靠近上冠处，最大值约为 0.0094。由于泥沙的密度比水大，使泥沙颗粒在科氏离心力和压力梯度作用下偏向长叶片工作面和短叶片背面输运，造成长叶片工作面泥沙浓度远高于长叶片背面，短叶片背面泥沙浓度高于短叶片工作面，表明长叶片工作面泥沙磨损程度比背面严重，短叶片背面泥沙磨损比工作面严重。

3.4.5 尾水管内流动

由计算获得水轮机在设计流量工况下尾水管内的压力、浓度、速度和流线分布，如图 3.4-6 所示。

从图 3.4-6 可知，尾水管内压力较低的区域出现在转轮出口和尾水管进口的位置，

第 3 章　水轮机沙水流动数值计算

其最低压力值均大于汽化压力，不会发生空化。直锥管段中均未产生明显漩涡，流线顺畅，无明显回流，尾水管流动状态较好。尾水管内泥沙浓度远小于转轮和导叶，泥沙速度较小，因此尾水管内的磨损要远小于其他过流部件。

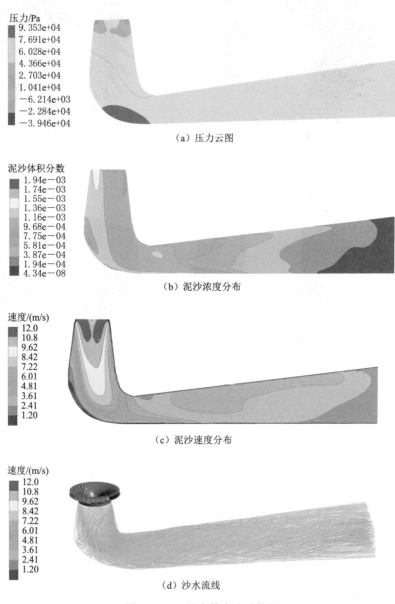

图 3.4-6　尾水管内流动特性

62

第4章 水轮机泥沙磨损机理及预测模型

迄今为止，关于水轮机泥沙磨损破坏机理的研究还不十分成熟。含沙水流中运行的水轮机过流部件金属表面出现的"鱼鳞坑"和"海绵状"破坏，是由于泥沙磨损引起的，还是由于泥沙磨损和空蚀联合作用所引起的，这些都是很复杂的。

4.1 颗粒与固壁的相互作用

4.1.1 颗粒与固壁的碰撞模型

水轮机中的泥沙磨损就是由于固体颗粒（沙粒）冲击过流部件固壁引起的，颗粒与固壁碰撞后，又可以以更高的速度于下次碰撞，还可能经过多次与固壁碰撞。与固壁碰撞形成的颗粒反弹问题，即颗粒与固壁间的作用机理是十分重要的问题，而颗粒的反弹特性又依赖于入射角 β_1、入射速度 V_{p1}、颗粒特性及其几何形状、固壁材料表面的特性及其几何状况，因此反弹问题是一个相当复杂的问题。定义为

速度恢复系数：$e_v = V_{p2}/V_{p1}$

方向恢复系数：$e_\beta = \beta_2/\beta_1$

法向恢复系数：$e_N = e_{N2}/e_{N1} = V_{p2}\sin\beta_2/(V_{p1}\sin\beta_1)$

切向恢复系数：$e_T = V_{pT2}/V_{pT1} = V_{p2}\cos\beta_2/(V_{p1}\cos\beta_1)$

上面公式中，速度和角度的符号示于图 4.1-1 中。

以水轮机叶片常用的 0Cr13Ni5Mo 不锈钢作为固壁靶材，以石英砂作为颗粒，在高速风洞中进行试验，用高速摄影机捕捉颗粒的运动轨迹，用 PIV 系统捕捉离表面 3mm 处的颗粒入射和反弹速度（近似为碰撞前后的颗粒速度）。测试所用风洞试验台主要技术指标为：风洞实验段，$1.2\text{m} \times 1.2\text{m} \times 3\text{m}$；可控制风速，$0.5 \sim 100\text{m/s}$；紊流度，$\varepsilon \leqslant 1.0\%$；气流

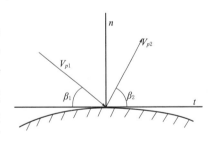

图 4.1-1 速度和角度的符号

偏角，$|\Delta\alpha| \leqslant 0.5$，$|\Delta\beta| \leqslant 0.5$；固壁靶材设计为 $0.3\text{m} \times 0.3\text{m} \times 0.02\text{m}$（长×宽×厚）不锈钢板，选择 0.05mm、0.2mm、0.5mm 的石英砂颗粒，选择颗粒入射速度为 40m/s、60m/s、80m/s，颗粒入射角为 15°、30°、60°、75°。

试验结果发现：①砂粒入射速度对恢复系数的影响是：随着入射速度的增加，恢复系数有所降低；②砂粒尺寸大小对恢复系数的影响是：随着砂粒尺寸的增大，恢复系数有所降低。

分析认为是由于砂粒入射速度的增加或尺寸的增大，与固壁作用时，将损失更多的动能，引起更大的磨损，从而降低了其恢复系数。

图 4.1-2～图 4.1-5 给出了砂粒入射速度 60m/s，入射角在 60°情况下的恢复系数与入射角 β_1 的关系曲线。

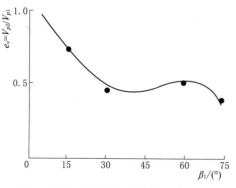

图 4.1-2　速度恢复系数与 β_1 的关系

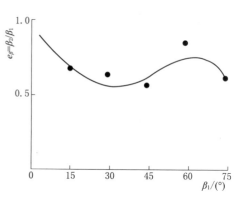

图 4.1-3　方向恢复系数与 β_1 的关系

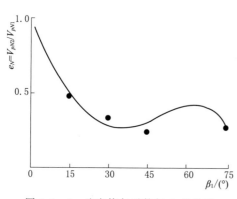

图 4.1-4　法向恢复系数与 β_1 的关系

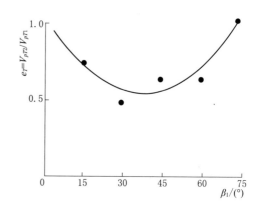

图 4.1-5　切向恢复系数与 β_1 的关系

　　利用最小二乘法的幂次曲线，可以对砂粒的恢复比进行拟合，拟合经验式如下：

$$e_V = \frac{V_{p2}}{V_{p1}} = 1 - 15.85 \times 10^{-3}\beta_1 + 9.34 \times 10^{-5}\beta_1^2 + 3.02 \times 10^{-7}\beta_1^3 \tag{4.1-1}$$

$$e_\beta = \frac{\beta_2}{\beta_1} = 1 - 6.76 \times 10^{-3}\beta_1 + 15.66 \times 10^{-5}\beta_1^2 + 23.95 \times 10^{-7}\beta_1^3 \tag{4.1-2}$$

$$e_N = \frac{V_{pN2}}{V_{pN1}} = 1 - 20.89 \times 10^{-3}\beta_1 + 5.05 \times 10^{-5}\beta_1^2 + 1.47 \times 10^{-7}\beta_1^3 \tag{4.1-3}$$

$$e_T = \frac{V_{pT2}}{V_{pT1}} = 1 + 2.79 \times 10^{-3}\beta_1 - 65.26 \times 10^{-5}\beta_1^2 + 92.77 \times 10^{-7}\beta_1^3 \tag{4.1-4}$$

　　应当指出，上述颗粒与固壁的碰撞模型在 $\beta_1 > 75°$ 和 $\beta_1 < 15°$ 时的误差较大，尤其是对于 $\beta_1 = 0°$、$\beta_1 = 90°$ 时，它们不适用。

4.1.2　颗粒在边界层中的运动特性

4.1.2.1　壁面对边界层中颗粒受力的影响

　　这里以二维湍流边界层中的稀疏颗粒运动为研究对象，并定义主流方向为 X，法向为 Y，坐标系如图 4.1-6 所示。因此，可忽略颗粒之间的作用，不考虑重力方向 Z 的运动情况，另外，在边界层中，平行壁面方向的流体速度梯度（$\partial V_{fy}/\partial x$）较小，因此，可不考虑壁面附近的颗粒自旋，主流方向上的 Saffman 升力很小，也可忽略，颗粒在垂直于壁面方向上的速度梯度较大，从而 Saffman 升力将起着重要作用，黏性阻力项可以近似为斯托克斯阻力（$C_D=24/Re_p$），壁面对斯托克斯阻力的影响系数 C_x 和 C_y 为

$$C_x=\left(1-\frac{9}{16}\lambda+\frac{1}{8}\lambda^3-\frac{45}{256}\lambda^4-\frac{1}{16}\lambda^5\right)^{-1} \tag{4.1-5}$$

$$C_y=1+\frac{9}{8}\lambda+\frac{81}{256}\lambda^2 \tag{4.1-6}$$

其中

$$\lambda=\frac{d_p}{2y}$$

4.1.2.2 边界层中颗粒运动方程

边界层中，Basset 力系数 K_B、虚拟质量系数 K_m 和 Saffman 升力系数 K_S 可分别近似为 6.0、0.5、1.615。根据颗粒运动拉格朗日方程式（2.2-27），并考虑到 $D()/Dt\approx d()/dt$，可得到边界层颗粒运动方程。

主流（X）方向：

$$\frac{dV_{px}}{dt}=\alpha\beta C_x(V_{fx}-V_{px})+\beta\sqrt{\frac{3\alpha}{\pi}}\int_{-\infty}^t\left(\frac{dV_{fx}}{d\tau}-\frac{dV_{px}}{d\tau}\right)\frac{d\tau}{\sqrt{t-\tau}}+\beta\frac{dV_{fx}}{dt}-$$
$$\frac{2}{3}\beta\nu_f\ \nabla^2 V_{fx}-\frac{3}{8}\beta\frac{\partial V_{fx}}{\partial y}(V_{fy}-V_{py}) \tag{4.1-7}$$

法向流（Y）方向：

$$\frac{dV_{py}}{dt}=\alpha\beta C_y(V_{fy}-V_{py})+\beta\sqrt{\frac{3\alpha}{\pi}}\int_{-\infty}^t\left(\frac{dV_{fy}}{d\tau}-\frac{dV_{py}}{d\tau}\right)\frac{d\tau}{\sqrt{t-\tau}}+\beta\frac{dV_{fy}}{dt}-$$
$$\frac{2}{3}\beta\nu_f\ \nabla^2 V_{fy}+\frac{3.23}{\pi}\beta\sqrt{\frac{\alpha}{3}}\left|\frac{\partial V_{fx}}{\partial y}\right|^{1/2}(V_{fx}-V_{px})+\frac{3}{8}\beta\frac{\partial V_{fx}}{\partial y}(V_{fx}-V_{px})$$

$$\tag{4.1-8}$$

其中

$$\alpha=\frac{12\nu_f}{d_p^2},\ \beta=\frac{3}{(1+2\bar\rho)}$$

式中：$\bar\rho$ 为颗粒与流体的密度比。

求解边界层颗粒运动方程的主要困难是升力项的非线性。Hinze 讨论过悬浮中的固体小颗粒的运动特性，表明当颗粒直径小于或等于 Kolomogorff 标尺 l $[d_p/l\leqslant1, l=(\nu_f/\varepsilon)^{1/4}]$ 时，速度梯度 $\partial V_{fx}/\partial y$ 可近似模化成 $\partial V_{fx}/\partial y\approx\nu_f/l^2$，另外 $\nabla^2 V_{fi}$ 可近似为 $\nabla^2 V_{fi}\approx -V_{fi}/L_i^2$，$L_i$ 为特征长度，壁面剪应力速度 $\mu_\tau=\sqrt{\tau_w/\rho_f}$，$\tau_w$ 为壁面剪应力。

这样，无因次化的各参数（符号"＋"表示无因次量）为：$V_i^+=\frac{V_i}{\mu_\tau}$，$t^+=t\frac{\mu_\tau^2}{\nu_f}$，$\tau^+=\tau\frac{\mu_\tau^2}{\nu_f}$，$\alpha^+=\frac{12}{d_p^{+2}}$，$d_p^+=d_p\frac{\mu_\tau}{\nu_f}$，$x_i^+=x_i\frac{\mu_\tau}{\nu_f}$，$\varphi_i=\frac{d_p^+}{L_i^+}$，$\theta=\frac{d_p^+}{l^+}$，$\gamma_x=\frac{\theta^2}{48}$，$\gamma_y=\frac{3.23}{6\pi}\theta+\frac{\theta^2}{48}$。

利用无因次化参数，并假设在颗粒运动计算起始时刻之前，颗粒的运动特性与流体相同，$t\leqslant0$ 时，$V_{pi}^+=V_{fi}^+$，则整理可得边界层颗粒运动的无因次化方程。

主流（X）方向：

$$\frac{\mathrm{d}V_{px}^+}{\mathrm{d}t^+} = \alpha^+ \beta C_x (V_{fx}^+ - V_{px}^+) + \beta \sqrt{\frac{3\alpha^+}{\pi}} \int_{-\infty}^{t^+} \left(\frac{\mathrm{d}V_{fx}^+}{\mathrm{d}\tau^+} + \frac{\mathrm{d}V_{px}^+}{\mathrm{d}\tau^+} \right) \frac{\mathrm{d}\tau^+}{\sqrt{t^+ - \tau^+}} + \beta \frac{\mathrm{d}V_{fx}^+}{\mathrm{d}t^+} - \frac{2}{3} \beta \nabla^2 V_{fx}^+$$

$$(4.1-9)$$

法向（Y）方向：

$$\frac{\mathrm{d}V_{py}^+}{\mathrm{d}t^+} = \alpha^+ \beta C_y (V_{fy}^+ - V_{py}^+) + \beta \sqrt{\frac{3\alpha^+}{\pi}} \int_{-\infty}^{t^+} \left(\frac{\mathrm{d}V_{fy}^+}{\mathrm{d}\tau^+} - \frac{\mathrm{d}V_{py}^+}{\mathrm{d}\tau^+} \right) \frac{\mathrm{d}\tau^+}{\sqrt{t^+ - \tau^+}} +$$

$$\beta \frac{\mathrm{d}V_{fy}^+}{\mathrm{d}t^+} - \frac{2}{3} \beta \nabla^2 V_{fy}^+ + \frac{3.23}{\pi} \beta \sqrt{\frac{\alpha^+}{3}} \left| \frac{\partial V_{fx}^+}{\partial y^+} \right|^{1/2} (V_{fx}^+ - V_{px}^+) \qquad (4.1-10)$$

4.1.2.3　颗粒跟随流体的跟随率

对于主流场，假设有以下关系成立：

$$\frac{d_p^2}{v_f} \frac{\partial v_{fi}}{\partial x_i} \ll 1, \frac{v_{fi}}{d_p^2} \frac{1}{\partial^2 v_{fi}/\partial x_i^2} \gg 1 \qquad (4.1-11)$$

式中：v_f 为流体脉动速度；下标 i 为张量坐标。

则无因次化边界层颗粒运动方程中的非线性项和二阶微分项可以忽略，并有颗粒跟随流体的跟随率的简化表达式

$$\eta = \frac{|\vec{v}_p^+|}{|\vec{v}_f^+|} = \frac{1 + \sqrt{1.5\alpha^+} + \mathrm{i}(\alpha^+ \sqrt{1.5\alpha^+})}{1 + \beta \sqrt{1.5\alpha^+} + \mathrm{i}(\alpha^+/\beta + \sqrt{1.5\alpha^+})} \qquad (4.1-12)$$

式中：$\mathrm{i} = \sqrt{-1}$；v_p^+ 为无因次颗粒脉动速度；v_f^+ 为无因次流体脉速度；η 为颗粒与流体质点脉动速度的幅值比（跟随率），它是反映颗粒跟随程度的一个重要量。

颗粒速度滑移与流体速度的比值为

$$\frac{|\vec{w}_p^+|}{|\vec{v}_f^+|} = \frac{\mathrm{i}(1-\beta)}{1 + \beta \sqrt{1.5\alpha^+} + \mathrm{i}(\alpha^+ + \beta \sqrt{1.5\alpha^+})} \qquad (4.1-13)$$

其中

$$w_p^+ = v_p^+ - v_f^+$$

式中：w_p^+ 为无因次颗粒相对速度。

4.1.2.4　边界层中颗粒的运动特性

由边界层中颗粒运动方程可知，要准确预测颗粒在湍流边界层中跟随流体的特性，必须知道整个湍流边界层流的流动特性。这里所采用的主流平均速度分布是根据实验结果所得的壁面速度分布规律。

黏性次层区：$V_{fx}^+ = y^+$，（$y^+ \leqslant 5$）

过渡层区：$V_{fx}^+ = -3.05 + 5.0 \ln y^+$，（$5 < y^+ < 30$）

对数律区：$V_{fx}^+ = 5.5 + 2.5 \ln y^+$，（$y^+ \geqslant 30$）

上面所给的壁面速度分布尽管在三个层区交界处是连续的，但可以看出，它们的速度梯度分布并不连续，这将使颗粒运动方程中的 Saffman 升力项不连续，为了避免这一点，对过渡区的速度分布采用三次样条函数拟合，以使整个边界层中的速度梯度也连续。过渡层区中速度分布的三次样条拟合式为

$$V_{fy}^+ = -1.067 + 1.445y^+ - 0.04885y^{+2} + 0.0005813y^{+3}, \quad (5 < y^+ < 30)$$
$$(4.1-14)$$

法向脉动速度均方根为

$$v_{fy}^+ = 0.005y^{+2}/(1 + Cy^{+n}), \quad (0 < y^+ < 200) \tag{4.1-15}$$

式中：系数 $C = 0.002923$，$n = 2.218$。

颗粒在湍流边界层中运动的瞬时法向速度 V_{fy}^+，可由脉动速度 v_{fy}^+ 均方根的随机化来确定。

$$V_{fy}^+ = N_r v_{fy}^+ \tag{4.1-16}$$

式中：N_r 为期望值为 0 偏差为 1 的标准正态概率密度分布所产生的随机数。

给定颗粒在湍流边界层中的初始位置及初始速度，就可根据边界层中无因次化颗粒运动方程数值求解颗粒的运动特性。如果颗粒与壁面相撞，则还需应用颗粒-壁面碰撞模型。其方程的求解，一般可采用差分法，其中 Basset 力中积分项可采用下式来计算：

$$\int_0^t \left(\frac{dV_{fi}}{d\tau} - \frac{dV_{pi}}{d\tau} \right) \frac{d\tau}{\sqrt{t-\tau}} = 2\sum_{k=0}^{K-1} \left\{ \frac{1}{\sqrt{\Delta t}} [V_{fi}(k+1) - V_{fi}(k) - V_{pi}(k+1) + \right.$$
$$\left. V_{pi}(k)](\sqrt{K-k} - \sqrt{K-k-1}) \right\} \tag{4.1-17}$$

式中：Δt 为时间步长；K 为计算点；$V(k)$ 为时刻 $k\Delta t$ 的速度。

在确定了颗粒运动速度之后，颗粒的运动位置或轨道可由下式得到：

$$x_{pi}^+(K) = x_{pi}^+(K-1) + \frac{1}{2}[V_{pi}^+(K-1) + V_{pi}^+(K)]\Delta t^+ \tag{4.1-18}$$

假设流体采用水流，取 $\rho_f = 1000 \text{kg/m}^3$，固体颗粒采用沙粒，取 $\rho_p = 2650 \text{kg/m}^3$，有 $\bar{\rho} = 2.65$，计算中，颗粒的初始位置取在边界层边缘上 $y^+ = 200$。

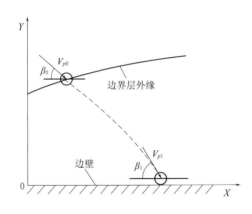

图 4.1-6 颗粒在边界层中运动示意图

从颗粒运动法向 y 方向方程可知，Saffman 升力的方向是根据颗粒与流体的相对速度方向来确定，即 $V_{px}^+ < V_{fx}^+$，颗粒升力方向背向壁面，当 $V_{px}^+ > V_{fx}^+$，则颗粒升力方向面向壁面，主流中，固体颗粒一般落后于流体，因此假定颗粒运动的初始速度分量 $V_{px0}^+ \leqslant V_{fx0}^+$。对于无因次直径为 d_p^+ 的颗粒，给定初始速度分量为 V_{px0}^+ 时，将总存在一个最小（临界）初始法向速度 V_{cpy0}^+ 和初始入射角 β_{c_0}（如图 4.1-6 中进入边界层外缘的入射角），使颗粒到达边壁，即当 $|V_{py0}^+| > |V_{cpy0}^+|$ 和 $\beta_0 > \beta_{c_0}$ 时，颗粒将与壁面相撞，而当 $|V_{py0}^+| < |V_{cpy0}^+|$ 和 $\beta_0 < \beta_{c_0}$ 时，颗粒开始一段时间可能朝壁面运动，但最后将远离壁面并不与壁面相撞。

图 4.1-7 给出了临界初始速度 V_{cpy0}^+ 和临界初始入射角 β_{c0} 与无因次颗粒尺寸 d_p^+ 的关系，可以看出，$d_p^+ < 10$ 时，需很大的面向壁面的法相速度值 V_{cpy0}^+ 和很大的入射角 β_{c0}，才可能使颗粒到达边壁时；$d_p^+ > 10$ 时，则相反。当颗粒初始速度分量 $V_{px0}^+ < V_{fx0}^+$，需更大的面向壁面的法向速度值 V_{cpy0}^+ 和更大的入射角 β_{c0}，因为该情况下，颗粒在边界层中运动

的初始阶段，Saffman 升力方向背向壁面。

图 4.1-8 给出了流体速度分量 V_{fx}^+ 和 $d_p^+=20$ 颗粒速度分量 V_{px}^+ 与 y^+ 的关系，可以知道，边界层中运动的固体颗粒，当颗粒运动的初始速度分量 $V_{px0}^+=V_{fx0}^+$ 时，其颗粒运动的速度分量 V_{px}^+ 总是大于流体运动的速度分量 V_{fx}^+，离壁面越近，偏差越大。即使颗粒的初始速度分量 V_{px0}^+ 小于流体的初始速度分量 V_{fx0}^+，在颗粒运动到接近壁面时，其速度也会超过流体的速度，也即边界层中运动的固体颗粒接近壁面时，Saffman 升力有助于颗粒冲击壁面。

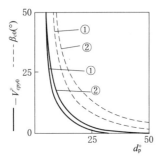

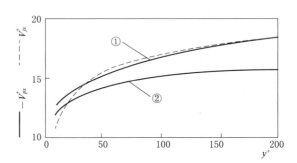

图 4.1-7　临界初始速度 V_{cpy0}^+ 和
入射角 β_{c0} 与无因次颗粒尺寸 d_p^+ 的关系

①—$V_{px0}^+=V_{fx0}^+$；②—$V_{px0}^+=0.8V_{fx0}^+$

图 4.1-8　流体速度分量 V_{fx}^+ 和 $d_p^+=20$
颗粒速度分量 V_{px}^+ 与 y^+ 的关系

①—$V_{px0}^+=V_{fx0}^+$；②—$V_{px0}^+=0.8V_{fx0}^+$

图 4.1-9 表明 $d_p^+=20$ 时，具有不同的初始速度值 V_{px0}^+ 的颗粒对到达壁面的临界初始法向速度 V_{cpy0}^+ 和临界初始入射角 β_{c0} 的影响，可知 V_{px0}^+ 越小，V_{cpy0}^+ 值越大，入射角 β_{c0} 也越大，这主要是由于 V_{px0}^+ 越小时，边界层中运动的固体颗粒，所受 Saffman 升力背离壁面的方向持续较长的缘故。

图 4.1-10 表明了 $V_{px0}^+=V_{fx0}^+$ 时，边界层对不同尺寸颗粒（$d_p^+=10$，$d_p^+=20$，$d_p^+=30$）运动入射角的影响，当颗粒具有较大的初始速度分量 V_{py0}^+ 和入射角 β_0，穿过边界层到达壁面时，其碰撞入射角 β_1 有所增加，即 $\beta_1>\beta_0$；具有较小的初始速度分量 V_{py0}^+ 和入射角 β_0 的颗粒，到达壁面时，其入射角有所减少，即 $\beta_1<\beta_0$，其偏差对小颗粒表现得更加明显。

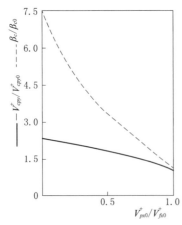

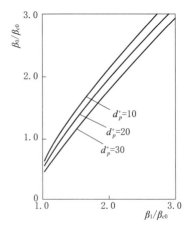

图 4.1-9　初始速度分量 V_{px0}^+ 对颗粒到达壁面
所需的临界初始法向速度 V_{cpy0}^+ 和入射角 β_{c0} 的影响

图 4.1-10　颗粒初始入射角 β_0 同颗粒
碰撞边壁的入射角 β_1 的关系

图 4.1-11 表明了当 $V_{pr0}^+ = V_{fx0}^+$ 时，边界层对不同尺寸颗粒（$d_p^+ = 10$，$d_p^+ = 20$，$d_p^+ = 30$）运动入射角的影响。当颗粒具有较大的初始速度分量 V_{py0}^+ 和入射角 β_i，穿过边界层到达壁面时，其碰撞入射速度 V_{py1}^+ 有所增加，即 $V_{py1}^+ > V_{py0}^+$；具有较小初始速度分量 V_{pr0}^+ 的颗粒，到达壁面时，其入射速度 V_{py1}^+ 有所减小，即 $V_{py1}^+ < V_{py0}^+$，其偏差仍对小颗粒表现得更加明显。

计算结果还表明，对于相当小的颗粒，受流体运动和湍流耗散控制力较强，颗粒在撞击壁面后，将立即又跟随流体运动；对于较大的颗粒，它们的运动主要受惯性力控制，受流体湍流的影响较小，响应平均流动变化较慢，以至于它们的运动受颗粒壁面撞击过程的影响较

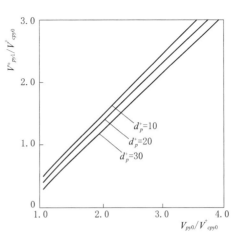

图 4.1-11 颗粒初始法向速度 V_{py0}^+ 同颗粒碰撞边壁的法相速度的关系 V_{py1}^+

强，在颗粒反弹壁面后，由于惯性，将长时间保持它们的运动方向。

4.2 过流部件表面破坏后的外观特征

水轮机过流部件遭受泥沙磨损的破坏形成大致为：磨损开始时，不成片的沿水流方向的划痕和麻点；磨损发展时，表面呈波纹状，或沟槽状痕迹，常联结成一片鱼鳞状凹坑，磨损痕迹常依水流方向，磨损后表面密实，呈现金属光泽；泥沙磨损强烈发展时，可使零部件穿孔，成块崩落，出水边呈锯齿沟槽。

从表面上看，泥沙磨损有别于空蚀和腐蚀损坏。化学腐蚀的表面，材料浅层剥落，破坏痕迹呈大面积均匀出现；泥沙磨损的破坏层相对较深，表面痕迹不均匀，局部出现；空蚀损坏使表面材料形成不连续的深细小孔或洞隙，洞隙外边的金属仍然完好。空蚀发展剧烈后，成为蜂窝状蚀洞；而泥沙磨损后的表面是连续的破坏痕迹，有方向性，破坏深度较浅。特别是泥沙磨损后的表面常呈现的金属光泽，这是空蚀与腐蚀损坏所没有的。

上述三种破坏的形成虽然不同，但实际上它们常伴随产生，因此难以依表面破坏形态特征来加以严格区分，一般可由外观破坏形态来判断使部件表面损坏的主要原因。

4.3 泥沙磨损过程

水轮机工作水流中含有沙粒时，具有一定动能的坚硬沙粒将有可能冲撞水轮机过流部件的过流表面。对于一定形状和大小的沙粒，其冲击动能，或冲击速度，取决于挟沙水流流速，特别是边壁附近沙粒所处的局部水流速度场。

水轮机过流部件因沙粒而产生的体积损失，是由单个个沙粒冲击所造成的材料微体积或微质点剥落所组成。沙粒冲击材料表面造成磨损的过程，与材料的特性、沙粒的特性以及冲击角度有关。

具有一定冲击动能的沙粒垂直冲击表面时，在接触点首先产生弹性变形。随后，在接触面积中心处最大应力所在位置，材料在沙粒的冲击作用下开始进入塑性流动状态，并随沙粒动能的消耗，塑性变形区进一步扩大，直到在沙粒动能转化为材料弹塑性变形的过程中，沙粒停止压入运动为止。此后，材料的表面弹性变形部分将恢复，而塑性变形部分将保留，形成冲击凹坑。而凹坑边缘有塑性变形中挤出的材料堆积物。在以后的沙粒不断冲击下，由于反复形成塑性冲击坑，这些堆积物将重新受挤压变形和移位而有可能从材料表面剥落。同时，在合适的沙粒冲击角度下，凸起的堆积物易受剪切折断。在上述过程中，将形成材料的磨损量。金属材料因大量沙粒冲击所造成的反复塑性变形，可以使被磨损表面形成磨损冷作硬化层。

某些金属，如奥氏体高锰合金钢，有很强的硬化能力。冷作硬化表面有较高的硬度和脆性，可能产生变形裂纹，裂纹扩展有利于材料微体积的剥落。在足够的冲击能量下这些碳钢的冲击凹坑边缘和坑壁就常存在径向裂纹。即使沙粒冲击能量较小，不足以使材料超出弹性变形范围，但大量的沙粒长期反复冲击，也会导致材料的疲劳破坏。钢及合金钢在水中的疲劳强度低于在空气中的疲劳强度。上述材料表面受沙粒冲击后因弹塑性变形而引起的材料微体积损失过程称为变形磨损。

尖角沙粒在垂直冲击下将更深地楔入材料表面，但无论是形成塑性挤压堆积物的能力，或者是使材料表面冷作硬化能力，均较圆沙粒为低。当圆沙粒以较小冲角冲撞材料表面时，由于沙粒具有垂直动能分量，同样可以压入材料表面，而在水平速度方向的前方形成塑性挤压的堆积物。这样，在小冲角下也可以形成变形磨损，但造成的磨损量将低于大冲角下的值。

如果尖角坚硬沙粒以小冲角方向撞击材料表面，而以尖角与表面接触（尖角沙粒以其平面与表面接触的概率很小）时，接触点很小的面积上将集中很高的压力，此冲击压力的垂直分量将使沙粒压入材料表面。同时，沙粒在小冲角有较大的水平动能分量，将使其沿大致平行于材料表面的方向移动。沙粒尖角水平移动时，产生接触点的横向塑性流动，从而切出一定数量的微体积材料，有如工具的切削作用。这种材料的微体积损失过程常称为微切削磨损。显然，圆沙粒的微切削能力低于尖角沙粒。

微切削磨损量取决于沙粒切削的路径和压入深度。一个沙粒冲击动能有限，因而无论是压入深度或是切削距离均很小。而无数沙粒长期的微切削作用将构成材料的明显体积损失。即使在垂直冲击下，因棱角形沙粒与材料表面接触时有转动，从而，尖角转动时也会产生微切削过程，但显然，冲角越大，微切削能力越弱。

水轮机含沙水流中含有不同形状的沙粒，沙粒群体中各沙粒的运动方向可能是任意的。因此，实际的磨损过程将为上述变形磨损和微切削磨损的复合作用。当沙粒以非垂直方向撞击材料表面或受压沿壁面运动（或滚动）时，材料表面将受到沙粒的研磨磨损，沙粒起着近似为刨和锉的作用，冲角越小，沙粒形状系数越小，磨损越严重。

将微切削磨损和研磨磨损统称为摩擦磨损，有利于实验研究和将来的磨损数值模型的建立。

在水轮机流道中，沙水中含有不同形状的沙粒，流动也表现为湍流形态，沙粒群体的运动方向可能是任意的，因此，实际的磨损过程将为上述变形磨损和摩擦磨损的复合作用。

随着固体颗粒冲角的变化（0°~90°），变形磨损和摩擦磨损量近似于反比例变化，同时，它们也取决于磨损表面的材质特性，如果表面材料硬而脆（如白铁合金等），变形磨损占的比例较大，并在垂直冲击方向有最大值。对于柔韧性材料，摩擦磨损占的分量较大，临界冲角一般为10°~30°。

应当指出，典型脆性材料（如未退火软化的硬玻璃）接受塑性变形，在固体颗粒冲击作用下，如果冲击能量不够，则完全没有磨损产生；如果冲击能量足够大时，冲击点附近出现脆性破坏的裂纹，裂纹的放大与交汇将使材料破碎崩落，这种破坏过程属于脆性破碎。对于水轮机材料，一般非典型脆性材料，总有塑性流动变形区域。

此外，水轮机过流部件表面因有一定的加工粗糙度，微观看来凹凸不平，被沙粒磨损后的表面更是如此。当沙粒冲击动能足够大，并有合适的冲角时，强度弱的凸出部分将可能直接折断和切断而脱离材料表面，也构成材料体积损失。而粗糙度本身能形成漩涡扰动而加剧磨损。

根据上述材料在沙粒磨损下的破坏机理，对水轮机过流部件遭受沙粒磨损的表面形成可作出满意的解释。当尖锐的沙粒以很小冲角冲击表面，进行微切削时，因沙粒压入表面很浅而水平切削距离较长，则可形成部件表面的微细划痕。在这种磨损条件下，微切削磨损长期进展，则可形成宏观的沟槽。发生这种微切削过程时，部件表面处水流一般平顺，无局部水流扰动，沙粒运动方向基本与水流方向一致，故划痕与沟槽呈现依水流流线方向的形态。

水轮机过流部件表面所看到的麻点，系沙粒近于垂直冲击所造成的。实际上，在垂直冲击下的材料表面，微观形态为遍布的塑性变形凹坑。而微凹坑的叠加或有较大动能的沙粒冲击，凹坑才能被肉眼所察觉。在流道中，仅在空化扰动区域，沙粒常常具有最大的垂直冲击动能，而形成麻点。在某些局部漩涡扰流区域，沙粒也常有较大的垂直冲击速度。

当过流部件表面被初期磨损后，表面的磨痕相当于局部阻力结构，将进而引起继发局部漩涡，漩涡区的沙粒获得附加动能。

细小的沙粒随漩涡运动时，加剧了漩涡区部件表面的磨损，逐渐形成与漩涡尺寸相应的波纹状磨痕或鱼鳞坑，如图4.3-1所示。由于沙粒的反复冲击，使得磨损表面受到充分的塑性压缩变形，使金属磨损表面组织更为密实，而呈现金属阴暗光泽，有如金属冷作硬化情况。

但至今，对泥沙磨损机理的研究尚未能给

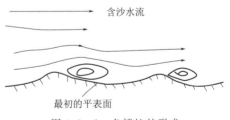

图4.3-1 鱼鳞坑的形成

出完全清晰的概念。上述沙粒磨损现象主要是从机械作用角度来分析的。因此，对泥沙磨损机理的一些其他的研究成果和见解也应引起注意。

Sheldon和Finnie通过实验和分析指出，当冲击固体颗粒的尺寸和流速在一定范围时，典型的高硬脆性材料也可以产生塑性变形，而呈现柔韧材料的磨损特点。这一特性对于研制和采用水轮机高硬耐磨材料或复层时，具有实际意义。

Goodwin等通过实验观察认为，当固体颗粒以较大冲角冲击材料表面时，一方面使材料表面产生塑性变形；另一方面，颗粒可能以冲撞而破碎。尖锐的碎块使材料的薄弱部分剥离称为"次生损伤"，是材料体积损失的重要原因。

在水轮机泥沙磨损条件下，沙粒因冲击而局部碎裂的现象可能存在。常发现磨损试验中，固体颗粒的粒径形状有很显著的变化，但由于水流速度较低，颗粒一次冲击速度不高，同时水流对颗粒的碎屑有较大的阻力。因而，这种"次生损伤"将不会很重要。

Крагельсим 提出了基于疲劳破坏的磨损理论，并认为材料存在塑性流动时，也会因金属疲劳破坏而剥落金属的微颗粒。

Stauffer 认为颗粒磨损的原因之一也可能是交变负荷超过材料疲劳极限，而使材料脱落或局部破坏。而 Engel 指出，在冲击颗粒磨损中，材料表面疲劳的作用是次要的。

Пьпоb 提出，颗粒对金属的挤压过程，在金属表面将产生先兆性破坏，从而易于被以后的颗粒所切割。这实际上是变形磨损的过程。

Tilly 在实验中发现，对某些软金属和塑料（如铝和尼龙），在近于垂直冲击下，冲击颗粒的碎块可能嵌入材料表面，而使材料重量有所增加。

Puyo 认为水轮机遭受沙粒磨损后，部件表面磨痕处充填一层水垫而起到对以后的磨损的阻止作用。因而，在足够长时间以后的磨损程度将不再变化，并举出了实例。但至今为止，这仍然是一个未得到进一步解释与证实的例子。

Hotley 曾将流体动力学磨损分成冲击性与磨损性两种磨损形式。而 Baker 类似地将产生磨损的原因，归为颗粒的冲击、滑动磨损和滚动磨损。

川井正治通过实验磨痕的观察指出，在含沙水流的高速冲击下，被冲击的金属表面可以产生局部熔化现象。如果沙粒有自转，则这部分熔融软化的金属将易被切削掉。其他文献中也曾提到高速冲击磨损过程中局部温度升高和熔化现象。在实际水轮机中，过流部件冷却效果良好，如果沙粒冲击速度较低，金属的局部熔化作用可能并不容易产生。应当指出，冲击水流对材料表面的压入和切削过程中，总存在热转化。而材料的流动应力与温度有关，因此，这一热转化温度对材料的磨损有一定的影响。

Hutchings 指出，因颗粒在材料表面上所造成的压痕的边缘堆积物随流动应力增加而减少，因此，上述温度对流动应力及磨损量的影响被抵消。

也有人认为磨损可能是由于机械和电化学腐蚀联合作用的结果。水流中颗粒与过流表面冲击的瞬间，可能产生高压和高温，水流中含的气体，在高压高温作用下易使金属表面氧化，急剧的温度变化引起金属保护膜的迅速破坏，因而产生局部腐蚀。

4.4　泥沙磨损的主要特征

对于一般细而均匀的河沙，水轮机过流部件遭受泥沙磨损时的典型特点是，在开始阶段表面被磨光，紧接着形成波浪面，波浪之间的局部表面是光滑的，几乎没有裂纹，但在磨损大大改变了原有形状之后，空蚀损坏作为次生的后果就会发生。其破坏形态一般表现为：磨损轻微处有较集中的沿水流方向的划痕和点；磨损严重时，表面呈波纹状或沟槽状痕迹，并常连成一片如鱼鳞状的磨坑。磨损痕迹常依水流方向。磨损后的表面密实，呈现金属阴暗光泽。泥沙磨损强烈发展时，可使部件穿孔，成块崩落。

4.4.1 磨损的基本形态

在含沙水流中运行的水轮机,其过流部件承受不同程度的泥沙作用。各过流部件的泥沙磨损特征,基本上取决于含沙水流绕流其部件的流动状态。从泥沙磨损角度出发,水轮机过流部件的含沙水流流动状态可分成下列几种基本形式,或这几种基本形式的叠加。

4.4.1.1 直线流道的磨损形态

含沙水流在直管道中流动,对管道边壁的磨损,即为这种直管道磨损形态。宏观地看,直线流动的含沙水流都存在着湍流脉动,湍流瞬时脉动速度仅能在统计实验的基础上进行估算,据估算,这种湍流脉动速度一般为平均速度的 $10\% \sim 40\%$。总之,在直管道中也存在理想的平顺流动,而含沙水流中的沙粒在一定程度上也处于无规则运动状态,同时管道边壁处流速与平均流速之间存在流速差。因而即使无局部阻力区,平滑边壁处也存在一定的漩涡流动,其漩涡强度取决于边壁的粗糙度、流体的黏性和平均流速。根据沙粒大小、比重和漩涡强度而可能以各种冲角冲击边壁。水轮机整个过流部件中均存在这种基本的磨损流动形态,典型的部件是管道、水轮机的尾水管段等。但是,在无局部阻力和空化条件下,这种边壁漩涡的强度较小,而这些部件处的平均流速又较低,在一定的含沙浓度条件下,一般未达到造成明显磨损的临界速度值,所以常不显示出明显有害的磨损破坏。

4.4.1.2 离心流动磨损形态

因含沙水流的旋转或流道的弯曲而形成离心流动的泥沙磨损形态如图 4.4-1 所示。

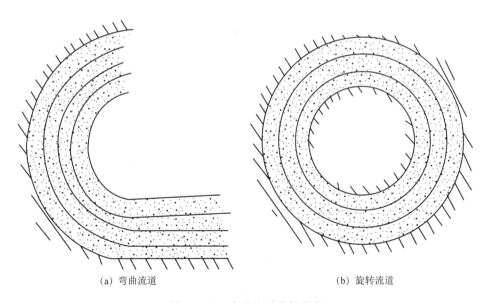

(a) 弯曲流道   (b) 旋转流道

图 4.4-1 离心流动磨损形态

这种磨损形态的特点如下:

(1) 无论是由水轮机转动部分所造成的水流本身的旋转,或是流道弯曲而形成旋转流动,均将使有更大比重的沙粒在离心力作用下压向流道边壁。因而边壁的磨损应具有有压沙粒磨损的某些特点。

（2）在离心力作用下，不同粒径的沙粒形成重新分布，在边壁处将有更大的局部含沙浓度和较大的粒径构成。

（3）在流道弯曲的初始段，沙粒有较大的冲角，其冲角大小与流道的曲率有关。进入弯曲段后在旋转水流作用下冲角将减小。发生离心流动磨损形态的水轮机过流部件主要有：蜗壳、尾水管弯肘段、转轮叶片、导叶与座环支柱之间的流道（尤其在偏离设计工况下）、混流式水轮机转轮上冠，冲击式水轮机水斗工作面和偏流器的折流板等。图4.4-1（b）所示磨损情况的水轮机部件有：转轮室边壁、尾水管直锥段和混流式水轮机转轮上冠与顶盖间的泄水流道等。

4.4.1.3　间隙流动磨损形态

含沙水流进入和通过突然收缩的间隙流动时，形成间隙流动的磨损形态，如图4.4-2所示。

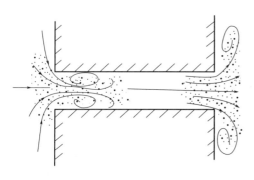

图4.4-2　间隙流动的磨损形态

水流进入收缩间隙时的收缩流动和间隙水压力突然降低，在间隙进口处产生局部漩涡扰动。

同样，在流出间隙时也形成局部漩涡，漩涡常伴随着空化现象。因此，间隙流动磨损与空化强度、含沙浓度及材质等因素有关。在不同的含沙浓度和不同的空化强度下产生不同的破坏能力。

具有这种磨损形态的水轮机部件有导叶上、下端面，导水机构顶盖和底环与其相对应的部位，混流式水轮机上、下迷宫环，轴流式水轮机叶片端部及转轮室护壁与其相应的部位、轮毂与支持盖的止水间隙部位，以及冲击式水轮机喷嘴与针阀的环形间隙等。

4.4.1.4　局部阻力扰流磨损形态

由于流道表面形状突然变化而存在局部阻力体（如凸肩、凹坑、圆柱等），在其附近区域诱发局部水流漩涡和水流扰动，从而形成局部阻力扰流磨损形态，如图4.4-3所示。

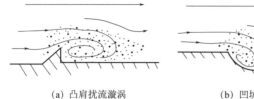

(a) 凸肩扰流漩涡　　　　　　(b) 凹坑扰流漩涡　　　　　　(c) 圆柱扰流漩涡

图4.4-3　局部阻力扰流磨损形态

在局部阻力体后，含沙水流可以形成封闭的漩涡。此漩涡是不稳定的，可随时间而增大尺寸，沿流动方向扩大而后破灭消失。局部阻力体后的不稳定漩涡的数目很大。研究表明，在这种情况下，惯性力相似准则斯特劳哈尔数可视为常值。单位时间内，局部阻力体后的漩涡数目为

$$N = SrV/h \qquad (4.4-1)$$

式中：N 为单位时间内的漩涡数目；V 为流速；h 为阻力体尺寸；Sr 为斯特劳哈尔数。

对图 4.4-3 (a) 所示扰流条件，$Sr=0.2$。因 h 值一般很小，所以漩涡数目很大。大量漩涡的形成和破灭，构成阻力体后面区域的强烈水流扰动。较大沙粒被甩出以大冲角冲击边缘。细沙粒则可能随漩涡一起运动，有近于 0°的冲角。总之，沙粒在水流扰动下具有更大的冲击动能，并在各种可能的冲角下，磨损漩涡区的流道边壁，致使流道边壁发生重复磨损。

应当指出，局部阻力扰流区域，在一定的压力条件下，可以产生漩涡空化。而水流中存在沙粒时，则在泥沙磨损与空蚀联合作用下，边壁的损坏更为严重。发生这种磨损形态的水轮机部件及部位有导叶枢轴轴套、顶盖与底环等部位〔对应于图 4.4-3 (c)〕，并兼有缝隙流动磨损形态。结构不良和加工与安装缺陷造成的过流部件表面的阻力体，如未磨平的焊缝，过大的加工粗糙度部位，高于或低于过流表面的安装螺钉头部和叶片吊攀孔塞子等〔对应于图 4.4-3 (a) 和图 4.4-3 (b)〕，被磨损或空蚀损坏的表面对应于图 4.4-3 (a) 和图 4.4-3 (b)，在非设计工况下工作的转轮叶片和导叶对应于平板阻力体扰流。

4.4.1.5 空蚀破坏形态

空穴的形成与水流中的空化粒子的数量和尺寸有关。当水流中含有沙粒时，空气常以微团的形式藏在沙粒的缝隙中。因此，含沙水流中的空泡核数量比清水时大为增加。另一方面，水的体积强度因混入沙粒而降低。这样，当其他条件相同时，含沙水流比清水更易提前产生空化。所谓空化提前发生，意味着含沙水流中的空化临界压力高于清水的空化压力。

沿水轮机每一流线的水流流速都是不均匀的，水流拖动或推动沙粒前进。但由于沙粒的比重大于水的比重，当水流加速时，沙粒的惯性将使它的速度落后于水流速度；反之，当水流减速时，沙粒的速度将高于水流速度；当水流拐弯时，沙粒将加速流线分离。从流体动力学可知，所有这种速度差将引起沙粒某一侧的压力降低。所以，沙粒对流场压力分布产生一定的影响，从而导致空蚀破坏规律有所变化。应该注意，发生清水空化和浑水空化的条件是不同的。在浑水条件下，磨损则由于空化强度、泥沙特性（包括含沙浓度，输沙率，沙粒的形状、成分、硬度、粒径）、流速和材质等因素的不同，将发生不同的结果。有时可能强化空蚀破坏，有时可能强化磨损，不能一概而论。因此同一机型的水轮机，在含沙水和清水条件下运行，例如黄河青铜峡水电站水轮机和湖南双牌水电站水轮机，前者既有海绵状的空蚀破坏特征，又有鱼鳞坑磨损破坏的特征，而后者则仅有空蚀破坏的特征，而无鱼鳞坑磨损破坏的特征。当然，也有人认为水轮机中的鱼鳞状表面破坏是含沙水中空蚀破坏的一种特征而不是泥沙磨损的特征。

泥沙磨损强度与水中沙粒的实际运动速度有关，当流道中发生空化时，局部水流是不稳定的。当空穴或空泡崩解时，造成局部强烈振动，使水流中的沙粒获得很大的附加动能，从而造成部件表面更强烈的泥沙磨损。

在水轮机过流部件中，空蚀形态较为常见的主要部位是反击式水轮机转轮叶片背面、冲击式水轮机喷嘴和针阀。

总之，水轮机过流部件的泥沙磨损形态，均由上述一种或几种基本损坏形态所构成。

4.4.2　磨损的主要特点

4.4.2.1　磨损条件分析

在相同泥沙条件（粒径级配、形状和浓度等）下水轮机的磨损特点，可以用含沙水流流速来近似代替沙粒的冲击速度进行分析。同时，还要考虑水轮机流道中局部扰流条件，以判断局部磨损特点。沙粒冲击速度对磨损强度有相当大的影响，一般用某部位的平均沙水速度来定性判断该处的磨损强度是可行的。

混流式水轮机磨损破坏较严重的部位是：叶片正面下部，尤其是靠出水边处；叶片背面下部，尤其是靠下环处；叶片出水边靠下环转弯处，叶片背面常出现大而深的凹坑；下环内侧表面和上端面；上、下止漏环，尤其是进水边；导叶本体，尤其是立面密封及下端面；上、下抗磨板，尤其是下抗磨板；还有底环碟形边等。

轴流式水轮机磨损破坏的主要部位：叶片正面和背面，背面还常受泥沙磨损与空蚀联合作用；转轮室下部半球形部分；转轮体及泄水锥的外表面；导叶出水边；底环上平面及转弯处等。如葛洲坝电站，叶片外缘与转轮室中环上均有波纹状磨损痕迹。叶片外缘与转轮室之间的间隙扩大，活动导叶出水边磨损较为严重，一般离底环一定高度，磨损更为明显；活动导叶之间，底环转弯处有明显的与水流方向一致的破坏痕迹和沟槽；转轮室下环与中环上除了明显的鱼鳞状和波纹状磨损外，还有大、小不等的凹坑，转轮室的对接焊缝处磨损最为突出，叶片正面的磨损痕迹随着半径增大而逐渐加深。叶片悬吊孔由于盖板焊接修磨欠佳，造成此孔至出水边之间的叶片背面严重磨损。

冲击式水轮机磨损破坏部位主要有喷针、水斗内表面的喷嘴环。研究表明，针阀只要被磨损 $0.5 \sim 1 \text{mm}$，水轮机效率就可下降 9%。

各种形式水轮机部件在不同工况下的磨损条件和磨损程度分析如下。

（1）对于最优工况下运行的反击式水轮机，在其他相同条件下，导水机构的流速取决于导叶前后的压力差，可用下式近似表示：

$$\overline{V}_{ba} = K \sqrt{H_b - H_a} \qquad (4.4-2)$$

式中：K 为系数；H 为水压力；$\overline{V}_{ba}$ 为绝对流速平均值。下标 a 和 b 分别表示导叶前后两区域的相应值。

这样，导水机构的磨损程度取决于导叶前后两区域的压力差值，或平均流速 $\overline{V}_{ba}$。类似的，水轮机转轮的磨损程度取决于转轮进口和出口的相对流速 W_1 和 W_2。至于迷宫环和转轮叶片端缝的流速，可以认为主要取决于缝隙的漏水量，则该处零件的磨损将可以由其进口处区域的压力来定性判断。

根据上面的分析，可得：在相同比转速下，轴流式水轮机比混流式水轮机有更高的

W_2 值和 H_a 值，但有显著低的 H_b-H_a，即 $\overline{V}_{ba}$ 值。较高的 W_2 值和 H_a 值，意味着轴流式水轮机转轮区域零件将有比混流式更严重的磨损。而 H_a 值决定叶片缝隙处的轴面流速，因而缝隙部件的磨损也较严重。但轴流式水轮机有较低的 $\overline{V}_{ba}$ 值，因而导水机构各部件的磨损相对比较轻微。这样，轴流式水轮机主要磨损部件为转轮，而导水机构磨损轻微。混流式水轮机则相反。

对于同一型式的水轮机，比转速越小的水轮机，其 W_2 值越小。因而转轮部件磨损条件减轻。而 H_b-H_a 与 $\overline{V}_{ba}$ 随比转速降低而增大。因此，低比转速混流式水轮机导水机构部件的磨损最为严重。但低比转速混流式水轮机转轮前区域压力值较低，因而其迷宫环磨损较轻；反之，高比转速混流式水轮机转轮与迷宫环或叶片缝隙的磨损将比导水机构的磨损更为严重。

（2）对于非最优工况下运行的反击式水轮机，即偏工况下运行时，平均流速和磨损条件将发生变化。对不同型系水轮机，工况变化时，转轮叶片进出口速度三角形的变化如图 4.4-4 所示。变工况下的流速及磨损变化见表 4.4-1。

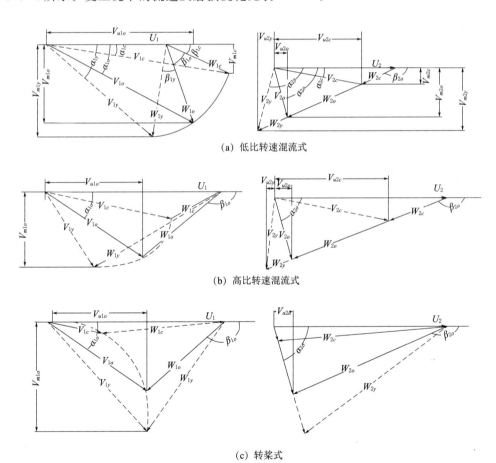

(a) 低比转速混流式

(b) 高比转速混流式

(c) 转桨式

图 4.4-4 变工况下水轮机转轮叶片速度三角形的变化图

V—绝对流速；U—圆周流速；W—相对流速

下标：1—转轮进口；2—转轮出口；o—最优工况；c—减负荷工况；y—增负荷工况

表 4.4-1　　　　　　　　　　　　　变工况下流速及磨损变化

机　　型	工况变化	流动变化	磨损变化
混流式水轮机和轴流定桨式水轮机	流量增加	V_1 下降	导水机构磨损减轻
		H_a 增大，H_b 下降	转轮缝隙磨损加重
		W_1 增加，尤其是 W_2 增加	转轮磨损加重
	流量减小	V_1 增大	导水机构磨损加重
		H_a 下降，H_b 增大	转轮缝隙磨损减轻
		W_1 下降，尤其是 W_2 下降	转轮磨损减轻
轴流转桨式水轮机	流量增加	V_1 增大	导水机构磨损基本不变
		H_a 下降，H_b 下降	转轮缝隙磨损减轻
		W_1 和 W_2 变化不大	转轮磨损不变
	流量减小	V_1 下降	导水机构磨损基本不变
		H_a 增大，H_b 增大	转轮缝隙磨损加重
		W_1 和 W_2 变化不大	转轮磨损不变

（3）对于冲击式水轮机，磨损条件的分析较为简单。含沙水流经断面收缩的喷针与喷嘴之间的环形缝隙孔口向大气射流，其流速与水轮机总水头相应。这一部位的流速很高，并为缝隙流动磨损状态，常伴随空化扰动，因此磨损最为严重。与相同水头混流式水轮机相比，这里的流速高于混流式水轮机任何过流部件的流速，因此，有更恶劣的磨损条件。

4.4.2.2　磨损的主要特点

1. 反击式水轮机导水机构的磨损特点

反击式水轮机导水机构受磨损部件包括导叶体、导叶上下导轴承及其轴套和导叶的上下护环（顶盖和底环），以导叶端面缝隙区域磨损最重，导叶体磨损条件相对较轻。在导叶进口，沙水绕流其头部时，少量较大粒径的沙粒将近似地垂直地冲击导叶，而细沙粒随水流绕流。

在导叶出口部分，当导叶使沙水偏转时，将有较重的磨损。基本属于离心流动磨损和平板阻力体扰流形态，有局部含沙浓度的集中现象。但应注意几种可能导致导叶体严重磨损的情况。对于很低比转速的混流式水轮机，当水轮机在小开度下工作时，导叶后压力可能大为降低，而近似于冲击式水轮机的射流磨损条件。在这种情况下，导叶出口区域扰流和磨损将很严重。与此类似，在调相时，若用导叶截流，如果导叶关闭不严（被磨损或其他原因），则将产生严重的缝隙射流磨损条件。此外，导叶在偏离最优工况下工作时，其磨损条件的变化见表 4.4-1。

导叶体两端面缝隙区域的部件（导叶端面、轴承套、轴颈、顶盖与底环上与缝隙相应的部分），特别是下部缝隙区域部件，其磨损形态属于平面缝隙流动磨损形态与局部阻力扰流磨损形态的叠加。且在缝隙中，沙粒自由运动空间较小，其对边壁的有效冲击次数大为增加，所以磨损十分严重。导叶缝隙存在强烈扰流的原因如下：

（1）含沙水流进入收缩的平面狭窄缝隙，引起缝隙区以及缝隙出口处的脱流和漩涡。

（2）导叶体平面缝隙中存在导叶枢轴轴颈。相当于圆柱体扰流条件在轴颈后诱发对称漩涡。

（3）导叶轴颈与轴套之间存在环形间隙，含沙水流在进入和流出时，急剧转弯，也诱发出间隙处的扰流和漩涡。

由上述 3 个原因引起的混合扰动十分强烈，而使缝隙处流动条件较差。局部水流速度很高，因而使沙粒获得较大的冲击动能并以较大的冲角冲击缝隙部位部件表面。从而造成该缝隙部位部件表面的严重磨损。

2. 混流式水轮机转轮的磨损特点

混流式水轮机转轮遭到严重磨损的主要部位是混流式水轮机转出水边靠工作面。这是因为出水边的弯曲，使水流转弯，形成离心流动磨损形态，并有较高的局部含沙浓度。同时，背面的空化扰动也强烈影响到相邻的工作面区域的沙粒运动状态。

由于沙粒有依惯性而脱离叶片背面的趋势，叶片背面的局部含沙浓度较低，因而叶片背面磨损一般轻微。虽然叶片背面常存在强烈空化，有助于使沙粒获得附加动能，但从混流式转轮的磨损情况来看，一般叶片背面破坏痕迹以空蚀损伤为主，而工作面则为沙粒磨损痕迹。

对高比转速混流式水轮机转轮，叶片出水边，靠近下环处和下环内表面的磨损条件可以归结为以下几个特点：

（1）由于混流式水轮机转轮出水边相对流速高于进水边，同时，依位置半径增加而有流速增加的趋势，因而使得这一区域的相对流速是转轮中最高的。

（2）靠近下环处，叶片有最大的弯曲，同时，这一区域的叶片背面是空化最严重的部位。因此，空化扰流十分强烈（这里叶片间流道最为狭窄，因而工作面受背面空化扰动影响很大），构成空蚀与泥沙磨损的联合作用。

（3）在轴平面内，转轮下环内表面与导水机构下环出口部分之间的衔接，一般不能形成平顺过渡。水流在这里急剧转弯，而形成脱流漩涡，如图 4.4 - 5 所示。这种流态相当于扩散管的脱流漩涡扰流，结果将加剧这一区域的水流扰动。

（4）由于下迷宫环漏水进入其缝隙时，流动将偏转更大的角度（大于 90°），而使水中的沙粒依惯性冲入下环内表面区域，加大了该区域的局部含沙浓度。

（5）尽管当含沙水流由导水机构进入转轮下环区域时，在轴平面内有离心流动形态，而使沙粒有向流道中心和上冠集中的趋势。但进入转轮叶片间流道后，特别是在下环出水边附近，因含沙水流有强烈的在轴截面内的旋转，而使叶片出水边缘靠近下环处局部含沙浓度增大。

由于上述 5 个方面不良的磨损流动条件，高比转速混流式水轮机转轮叶片出水边磨损最为严重，甚至出水边部分折断，形成缺口。

对低比转速混流式水轮机，上述不良的磨损条件可大为改善。这是因为低比转速的转轮流道有更大的"幅流"成分所致，因而，虽然低比转速混流式水轮机转轮应用于更高水头，也会有严重磨损，但相对其他部件，其出水边的磨损并不是最严重的部位。

无论是高比速还是低比转速混流式水轮机转轮，其进水边靠近上冠和下环处也有较强磨损。进水边靠近下环处也是一个脱流漩涡区域。同时，这两个部位处，由于导叶出口水流在此分流（向迷宫环缝隙和叶片间流道），从而加剧了此处的水流扰动。特别对于低比转速转轮，导叶出口高度常小于上冠下环间叶片的高度，因而也造成附加脱流漩涡。低比转速混流式水轮机转轮在进口处的分流和脱流漩涡情况如图4.4-6所示。

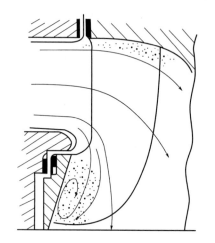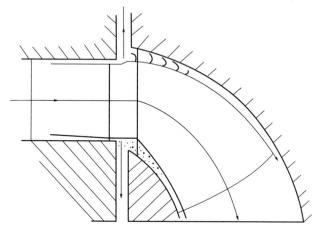

图4.4-5　高比转速混流式转轮磨损流态　　　　图4.4-6　低比转速混流式转轮磨损流态

当水轮机在偏离最优工况运行时，叶片进水边处将偏离无撞击进口条件，从而形成平板阻力体的局部扰流情况。加剧了叶片进口背部的脱流漩涡，使进口边磨损加重。混流式水轮机转轮的易磨损部位情况如图4.4-7所示。

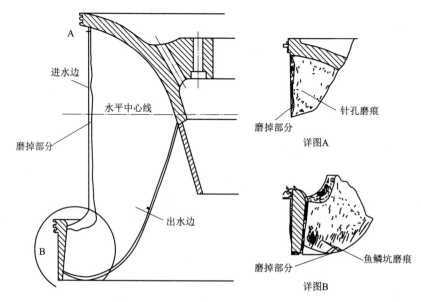

图4.4-7　混流式水轮机转轮的易磨损部位情况

3. 轴流式水轮机转轮的磨损特点

轴流式水轮机转轮叶片进水边相对流速低于出水边。同时，随半径增大相对流速增加，叶片外缘有较高的相对流速。此外，由于含沙水流的旋转，叶片外缘有较大的局部含沙浓度。这样，叶片外缘出水边的磨损条件最为严重。另外，叶片出水边附近为强烈空化区，这也造成含沙水流的附加扰动，同时，在叶片外缘端面与转轮室之间形成缝隙流动，而缝隙出口的扰流漩涡将可作用于叶片端部。因此，叶片外缘一般均有严重磨损。轴流式转轮叶片磨损情况如图 4.4－8 所示。在变工况运行时，对定桨式水轮机转轮叶片，因水流的脱流与冲击，磨损条件将更为恶化。

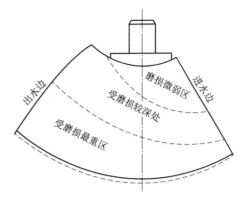

图 4.4－8　轴流式转轮叶片磨损情况

4. 转轮缝隙部件的磨损特点

转轮缝隙部件包括混流式水轮机转轮上下部迷宫环和轴流式水轮机转轮叶片与转轮室之间的端部缝隙。这些缝隙部件的磨损特点如下：

（1）沙粒可以从旋转部件处获得很大的附加冲击动能，这是这类缝隙部件磨损的主要特点。水流中的沙粒进入缝隙后，由于缝隙的一个边壁碰撞时，将获得依转轮旋转方向的加速度，然后，被加速的沙粒碰撞固定边壁而被制动。在沙粒加速时，对固定边壁的冲击动能增加；在制动后，对动边壁的动能增加。对混流式水轮机，缝隙较长，这一特点最为显著。此外，缝隙中的沙粒的有效冲击次数增加。

（2）缝隙狭窄而突变将引起强烈扰流，磨损条件恶劣。特别是混流式水轮机转轮的迷宫环，为减少漏水量，缝隙形状必然狭窄而突变，构成连续的局部扰流，水流扰动更为强烈。

（3）轴流式水轮机转轮叶片缝隙处有最大的局部含沙浓度。

（4）缝隙区域伴随局部扰流常有强烈的局部漩涡空化，加剧对含沙水流的扰动。

由于上述原因，反击式水轮机缝隙部件的磨损条件不良，常有严重磨损发生。图 4.4－9 为一水轮机上下迷宫环的磨损情况。

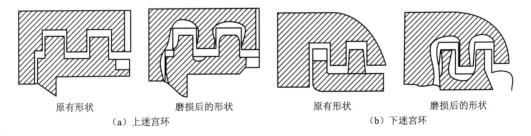

原有形状　　　　磨损后的形状　　　　原有形状　　　　磨损后的形状

（a）上迷宫环　　　　　　　　　　　　（b）下迷宫环

图 4.4－9　迷宫环的磨损情况

5. 冲击式水轮机喷嘴和转轮部件的磨损特点

冲击式水轮机用于高水头，因而流速很高。在针阀部分，因截面收缩，故有更高的流速。此外，喷嘴与针阀之间为环形缝隙流动磨损形态，沙粒在缝隙的附加动能和有效冲击次数增加。这些情况，均可说明磨损严重。

特别是，当针阀和喷嘴表面因初始的空化和磨损而损坏、糙度增大时，加剧了水流脉动，磨损损坏将加速进行。由于在针阀的环形缝隙中沿表面的水平流速很高，而缝隙较窄，沙粒的垂直分速度不能充分形成。因而，在针阀部分，沙粒的冲角较小，而有很大的水平微切削能力，故一般造成沟槽状依水流方向的磨痕。而喷嘴向大气射流的出口处，空化强烈发展，多为明显的空蚀痕迹。至于冲击式水轮机的水斗，它承受高速含沙水流的冲击。同时，由进口到出口，转向约 $180°$，近似于图 4.4-1（a）的离心流动磨损形态。不同之处在于水斗的离心流动并非密闭管道中的有压流动，而为大气中的流速。这样，实际上由于水流中不可避免地掺气，水斗上的流动为三相（固液气）流体。流体中空泡的不稳定也促进了磨损的发展，磨损多见于分水刃和水斗面。而水斗出口处，常磨损最为严重，甚至折断成缺口。水斗的工作面上，沙粒冲角较小，磨痕常为波纹状。

6. 水轮机其他部件的磨损

严格来说，所有水轮机过流部件，长期在含沙水流中工作，均会遭到一定程度的磨损。水轮机各过流部件中，除上述几种部件常有较严重磨损外，其他部件一般磨损较轻微。可遭受磨损的其他部件有：尾水管、轴流式水轮机轮毂和支撑盖、混流式水轮机上冠内表面和水轮机导轴承等。其中，水轮机导轴承间隙中若有沙粒存在时，则形成有压固体颗粒磨损。

4.5 泥沙磨损的基本影响因素

4.5.1 沙粒特性对磨损的影响

沙粒特性包括沙粒形状、尺寸、矿物组成成分、硬度和比重等。水轮机工作水流中的含沙浓度，具有相同物理特性的沙粒在群体中的级配、组成条件等构成沙粒的群体特性。下面对单个沙粒与群体沙粒特性对水轮机泥沙磨损的影响进行分析。

4.5.1.1 沙粒几何形状的影响

河流中沙粒的形状很不规则，随泥沙来源、矿物成分、移动路线和移动时间而有不同的几何形状。根据沙粒外形，目前常将其划分为三种类型：圆角形、棱角形和尖角形。可以采用参照量的方法，对不规则形状的沙粒进行定量描述。沙粒几何外形与标准圆球的偏差程度，可用其表面积与相同体积圆球表面积之比来表征，定义此比值为沙粒的形状系数（或称球度系数）

$$\psi = F'/F \qquad (4.5-1)$$

式中：ψ 为所描述的沙粒的形状系数；F' 为与该沙粒体积相同的圆球表面积；F 为该沙粒表面积。

用形状系数 ψ 可以定量描述沙粒的几何形状。对规则几何形体，形状系数 ψ 也可以计算。

圆球：$\psi=1$；正八面体：$\psi=0.906$；正三棱锥体：$\psi=0.67$。

对于不规则几何形体的沙粒，难以准确确定其表面积值。Zingg 建议将沙粒的三个互

相垂直的轴线长度近似确定 ψ 值

$$\psi=\sqrt[3]{\left(\frac{b}{a}\right)^2\left(\frac{c}{a}\right)} \tag{4.5-2}$$

式中：a、b、c 分别为沙粒最长轴、中间轴和最短轴的轴线长度。

测定沙粒的三垂直轴长后，依比值 b/a 和 c/b，可由图 4.5-1 直接查得形状系数。

沙粒形状对磨损强度有影响。如前所述，当沙粒以一定的动能冲击材料表面时，若沙粒形状尖锐，并以这些棱角或锐边与材料表面接触，则因接触面积很小，形成冲击点很高的局部应力。因此，在其他条件相同的情况下，沙粒形状越尖锐，其形状系数 ψ 越小，其所造成的磨损量越大。

一般来说，虽然尖沙粒比圆沙粒有更高的磨损能力，但不同形状沙粒磨损能力的差别，还取决于其他因素。

沙粒形状影响与材料特性有关系。对于

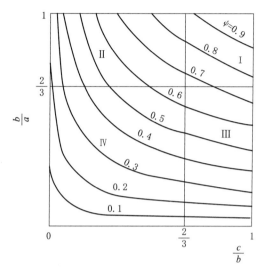

图 4.5-1 形状（球度）系数

水轮机常用材料，一般来说，材料硬度越低，其脆性越低，越为柔韧。因此，对低硬度高韧性材料，沙粒形状对磨损量的影响较小；反之，对高硬度材料，影响则较大。

沙粒形状的影响与速度和冲角有关系。在不同的沙粒冲角和速度下，沙粒形状对磨损的影响程度也将有所不同。在小冲角下，对于脆性材料，沙粒形状变化对材料磨损量有很大影响。

当圆沙粒在小冲角下冲击材料表面时，因难于压入而滑走，因而磨损能力很低。而当尖沙粒时，就有一定磨损量。在较高速度下，沙粒形状对材料磨损的影响较大；而在低速下，影响则较小。

4.5.1.2 沙粒粒径的影响

泥沙粒径对泥沙磨损的影响将决定着允许过机泥沙尺寸标准的确定，所以在水轮机泥沙磨损研究中很受重视。

对于形状不规则的沙粒，常采用等容粒径来定义其尺寸

$$d=\sqrt[3]{\frac{6V}{\pi}} \tag{4.5-3}$$

式中：d 为沙粒的等容粒径；V 为沙粒的体积。

上式表示任意形状的沙粒等容粒径，等于与其体积相同的圆球直径。沙粒体积可由其重量和比重计算。各种矿物成分的沙粒比重相差不大。含沙水流中，沙粒以不同粒径的群体形式存在。为判别群体沙粒中的粒径组成状态，常绘制各粒径沙粒的总重量占群体总重量的百分数的各类值与各粒径的关系曲线，即粒径级配曲线。

河流中天然沙粒的粒径级配曲线多呈近于正态分布。因此其累积重量等于总重量的

50%时的相应粒径，非常接近几何平均粒径 d_{50}，定义为中值粒径 d_{50}，习惯上用 d_{50} 来表征含沙水流中的粒径状态。

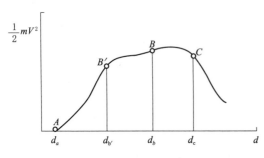

图 4.5-2　粒径 d 与磨损动能 $\frac{1}{2}mV^2$ 的关系

对于一定比重和形状的沙粒，其粒径表征沙粒的质量。无论对于切削磨损或是变形磨损，沙粒粒径增加，均使磨损量增加。但是应考虑到，在水轮机流道中的沙水流动条件下，随沙粒粒径增大，水流挟带沙粒运动的效果越低，沙粒本身的运动速度将降低。由于这一因素将使沙粒的冲击动能下降，使磨损量下降。为了判断沙粒尺寸与水轮机部件材料磨损之间的相互关系，应把沙粒粒径划分为三个范围。粒径 d 与磨损动能 $\frac{1}{2}mV^2$ 的关系，如图 4.5-2所示。

（1）小粒径范围：在这一粒径范围内，沙粒尺寸的增大，只使其冲击磨损动能增加，而不影响其随水流的运动状态。这时，随沙粒粒径增大，磨损强度随之增加。对于一定抗磨性能的材料，当流速、沙粒形状等其他磨损条件一定时，若沙粒尺寸和质量过小，将不足以造成材料的重量损失。图 4.5-2中 A 点给出在上述条件下，可以造成材料重量损失（或所给定的某种磨损失重程度）的最小粒径，称为最小临界粒径，以 d_a 表示。

（2）中粒径范围：当沙粒粒径增大超过 $d_{b'}$ 时，沙粒的重力与其他可能的外力与水流拖曳力达到可比较的程度。在 $d_{b'}\sim d$ 粒径范围内，沙粒相对于水流的相对速度随粒径增大而开始较显著地增加。因而沙粒相对于水轮机部件边壁的速度下降抵消了因其质量增加所造成的冲击动能的增加，而使部件磨损强度的变化趋于平缓。在 B 点，沙粒尺寸增大使磨损增加的效果达到了饱和状态。d_b 称为饱和粒径，对应于图 4.5-2中的 B 点。

（3）大粒径范围：当粒径继续增大到 d_c 时，对应于图 4.5-2中的 C 点。随粒径再增大，沙粒冲击速度显著下降，从而使其动能和磨损强度开始下降。也就是粒径增大对磨损强度的影响超过了饱和程度。d_c 称为过饱和粒径。

对30号碳钢（退火）、铬铜合金钢（Cr5Cu 和 Cr8Cu）、矽锰钢（20SiMn）、13铬钢（Cr13Ni4CuMo）5种金属试件的单纯泥沙磨损实验结果表明，d 在 0.2～0.25mm 范围内，随着粒径增大，磨损强度近似按指数规律增加。这说明，在此小粒径范围内，沙粒尺寸增大，基本上不影响其运动速度，并表现出粒径（即沙粒质量）与磨损强度的单值关系，泥沙粒径与磨损强度的关系如图 4.5-3所示。当粒径大于 0.25mm 时，开始对其运动速度产生显著影响。磨损强度的增加开始变缓，表现出接近饱和的趋势，其中以

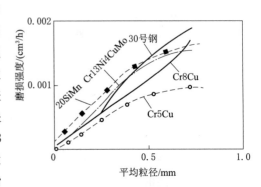

图 4.5-3　泥沙粒径与磨损强度关系

Cr13Ni4CuMo 钢的实验曲线最为明显。实验中的 d_b 为 $0.2\sim0.25mm$，实验曲线出现了较为明显的饱和粒径 d_b。对于水轮机泥沙磨损，实际可能遇到的沙粒粒径范围均较小，属于细小沙粒的磨损，因此关心最小临界粒径的值 d_a。

水工沉沙池的设计规范规定 $d>0.25mm$ 的沙粒不允许通过水轮机，需在沉沙设备中沉淀，而 $d<0.25mm$ 的沙粒可以通过水轮机，危险粒径为 $0.25mm$。这一规定显然不仅与前述实验不符，而且与水电站运行经验不符。如田庄水电站，水流中 $d>0.25mm$ 的沙粒仅占 40% 左右，而水轮机也遭到了严重磨损。水轮机运行经验表明，$d<0.05mm$ 的沙粒也是有害的。因此，除了需制定具体的危险磨损程度的标准外，危险粒径值似应大为降低。有人建议此值应下降到 $0.05mm$，也有人提出 d_a 为 $0.05\sim0.1mm$。此外，还应根据水轮机实际流速、泥沙浓度、时间等综合因素来考虑。

4.5.1.3 沙粒硬度的影响

河流中天然泥沙的硬度与其矿物成分有关，一般多为长石、石英沙和花岗岩类沙粒，硬度很高，都大于水轮机金属材料的硬度。例如石英沙，$HV=1350$，而硬化的 13Cr 钢只有 $HV\approx847$。

当沙粒的硬度高于水轮机部件材料硬度时，沙粒与材料冲撞后，硬度高的沙粒将压入较软的水轮机材料，使之产生塑性变形。由沙粒磨损机理分析可知，材料表面的塑性变形是微切削过程和形成塑性挤压堆积物的必要条件。因此，高于材料硬度的沙粒有较强的磨损能力。

如果沙粒硬度低于材料表面硬度，沙粒不能压入材料表面，但大量沙粒反复冲击也可导致疲劳磨损，硬度低的沙粒磨损能力较低。

4.5.2 含沙水流特性对磨损的影响

由沙粒磨损机理分析可知，材料的沙粒磨损取决于沙粒冲击材料表面时的运动特性。由于泥沙分布于通过水轮机流道的工作水流中，沙粒与水流形成沙水流动状态。

水轮机含沙水流中通常的沙粒形状为棱角形，d 为 $0.05\sim0.5mm$，沙粒在重力和阻力条件下可能偏离水流的相对速度值为几十毫米每秒的量级，这与水轮机流速的量级为几十米每秒比较是很小的，因此，在水轮机一般流态下，沙粒基本上在含沙水流中是随机运动的。

这样，沙粒的运动速度和方向，基本上可以由含沙水流的流速和方向来判断。对于大粒径沙粒的水流局部扰动区域，沙粒将与水流流态有较大偏离。尤其要注意含沙水流的局部速度状态，因为凡存在局部扰动的流道区域，水轮机部件总有更为严重的泥沙磨损。

4.5.2.1 沙粒速度对磨损的影响

由切削磨损和变形磨损的原理可知，材料的重量或体积损失与单体沙粒冲击速度平方成正比。实际上，材料被磨损的程度取决于冲击颗粒的动能，因此，磨损的失重与速度的平方关系是容易理解的。

当材料特性不同时，沙粒速度与磨损关系将有所不同。

对于含沙水流中的群体沙粒情况，当含沙水流流速增加时，水流中的单体沙粒速度增加的同时，因流速的增加，还会使单位时间冲击固定边壁的沙粒数量增加。因此，含沙水流流速（表征其中的沙粒冲击速度）将与磨损量成立方关系。速度磨损关系式如下：

$$\Delta G = kV^n \qquad (4.5-4)$$

式中：ΔG 为群体沙粒单位时间内造成的磨损体积损失；k 为群体沙粒磨损系数；n 为在单位时间内群体沙粒磨损的速度指数；V 为沙粒或沙水的速度。

由混合液旋流实验和试件回转实验结果证实，在群体沙粒磨损条件下，$n=3$。当混合液含沙浓度一定时，混合液旋流速度或试件回转速度增加，沙粒与试件冲击速度增加，同时单位时间内冲击沙粒的数目也随之增加。

速度指数 n 表征磨损量随速度变化的规律，同时也是估算磨损程度的必须确定值。在理论上，一定时间内群体沙粒的速度指数为 $2\sim3$。但实际上，n 值受到实验方法和其他磨损因素的影响，而与理论值有偏差。因此，由实验确定 n 值时，其数值仅对该具体实验和磨损条件才是准确的。除实验条件外，速度指数 n 主要与被磨损材料特性有关。

n 值一般由实验确定，而不能由理论解析得出。一些研究曾确定了各种材料的速度指数。利用天然河沙，粒径 d_{50} 为 0.035mm，在模型水轮机上进行泥沙磨损试验，含沙水流速度为 $15\sim30\text{m/s}$，磨损量按单位时间内磨损深度来定义，得出各种钢的速度指数见表 4.5-1。

表 4.5-1　　　　　　　　　　试件材料特性与速度指数关系

试件材料	40号铸钢	30号铸钢	Cr5Cu	Cr5Cu（200℃回火）	Cr5Cu（400℃回火）	Cr5Cu（600℃回火）	20SiMn	15MnMoVCu	1Cr18Ni9Ti
速度指数	2.5	3.0	3.2	2.5	2.9	3.0	1.9	2.5	3.9

对于设计中的水电站水轮机，其水轮机泥沙磨损和速度的关系，最好用实际水轮机制造的材料进行专门的磨损试验，以确定 n 值。

4.5.2.2　含沙水流中泥沙浓度对磨损的影响

单位体积沙水中含有的泥沙体积称为泥沙体积分数，其百分比称为泥沙浓度。泥沙的总体积不便测量，沙粒之间存在空隙，因此，也常用单位体积沙水中泥沙重量来表示，称为含沙量：

$$C_V = (V'/V)\times100\%, \; C_w = (G/V)\times100\% \qquad (4.5-5)$$

式中：$C_V(C_w)$ 为泥沙体积浓度（泥沙重量浓度），%，工程中也常用含沙量表示；V 为沙水的体积；V' 为水中泥沙的体积；G 为沙水中泥沙的重量，在测定含沙重量时，沙粒要充分烘干，以保证测量精度。

当水轮机工作水流中含有坚硬沙粒时，一般会遭到严重的磨损破坏。同时，水中含沙量越多，意味着更多的沙粒参与对流道表面材料的磨损，因此在一定含沙量范围内，将使水轮机泥沙磨损更为严重。这一结论是正确的。镜泊湖水电站和映秀湾水电站，水轮机型号相同，前者引用清水，运行多年未发现明显的损坏，而后者因工作水流含有泥沙，仅运行数千小时后，过流部件就遭到损坏。青铜峡等水电站的水轮机，在水库运行初期，并未发生明显的泥沙磨损现象，而随水库的淤积增加，通过水轮机的水流中含沙量逐渐增加，水轮机泥沙磨损日益严重。这些水电站运行的实践经验表明，随着水流中含沙量的增加，水轮机部件的磨损量也增大。

含沙量（或泥沙浓度）与磨损强度的关系可写成：

$$J = k_\rho C_V^m \tag{4.5-6}$$

式中：J 为泥沙磨损强度；k_ρ 为单位含沙量的磨损强度系数，其值包括其他影响因素；m 为含沙量的指数。

如果其他磨损条件不变，同时，含沙水流中沙粒运动状态不随沙粒数目而变化，则同体积水流中，参与冲击流道边壁的沙粒数目将与含沙量成正比。因而流道边壁的材料磨损量也将与含沙量成正比关系（即 $m=1$）。

实际上，上述条件仅在水流中的含沙量很低的情况下才能满足。对于较大的含沙量，沙粒数目增加时，沙粒彼此之间相互碰撞的机会增大，因而导致有效冲击材料边壁的沙粒数目的百分比下降，从而抵消了一部分因含沙量增大所造成的冲击沙粒数目增多的效果。在含沙水流中，因含沙量过大所造成的沙粒互相妨碍而减少了冲击边壁的沙粒数目的作用，称为屏蔽作用。

这样，当含沙量较小而不产生沙粒屏蔽作用的条件下，材料的磨损与含沙量（或含沙浓度）成正关系，含沙量磨损指数 $m=1$。在存在沙粒屏蔽作用的含沙量范围内，含沙量增加，使冲击沙粒数目增加的效果部分被屏蔽作用所抵消，材料磨损与含沙量之间关系的指数 m 小于 1。在含沙量过大的情况下，因沙粒自由运动空间过分减小，屏蔽作用严重，磨损反而随含沙量增大而下降，含沙量指数可能为负值。

在实际水轮机泥沙磨损条件下，总是存在一定的屏蔽作用，而且随泥沙浓度增加，沙粒屏蔽作用的影响随之增大。因此，含沙浓度的磨损指数一般小于 1。

水轮机某一具体部件或部位的沙粒磨损，实际上仅与该处的局部泥沙浓度有关，与流道中宏观的泥沙浓度无关。局部泥沙浓度与宏观泥沙浓度有一定关系，但也取决于流道的几何形状，含沙水流速和沙粒粒径等因素。

即使在平直流道中，过流表面的含沙量分布也是不均匀的。例如，在水平钢管中，由于沙粒的重力和断面流速分布的不均匀性，常在钢管下部集中更多的沙粒，而有较高的局部泥沙浓度。含沙水流流速越高，沙粒粒径越细小，泥沙浓度分布的不均匀性越小。

在水轮机流道中，主要因为沙粒较细小，因而其局部浓度的分布不均匀性较钢管内部低。但是泥沙浓度不均匀性也是明显的，例如，导水机构下环部件的磨损总要比导水机构上环或顶盖的磨损严重得多。

当水流改变流动方向时，因沙粒较大的运动惯性，也会在一定程度上向原流动方向集中。沙粒粒径越大，局部泥沙浓度变化越大。例如，转轮叶间流道中，叶片工作面将有较高的局部泥沙浓度，而在背面一般其值较低，这也是转轮叶片工作面靠近出水边磨损最严重的原因之一。

可见，将泥沙浓度对磨损影响的一般规律用于水轮机部件磨损的具体分析时，必须考虑到该部件位置的局部泥沙浓度。

4.5.3 沙粒磨损作用条件对磨损的影响

除了沙粒本身的物理特性和含沙水流特性之外，沙粒冲击材料表面时的环境条件对过流部件的磨损强度也有重要影响，包括沙粒冲角的影响、磨损作用时间的影响、沙粒冲击到材料表面时其运动特点的影响，以及空化条件的影响等。

4.5.3.1　沙粒冲角对磨损的影响

沙粒冲击材料表面时，沙粒速度方向与材料表面之间的夹角称为冲角，以 α 表示。沙粒可能有自转，故常以沙粒重心运动方向与材料表面的夹角表示 α。根据磨损机理的分析，材料表面的磨损失重就是反复地发生变形磨损和微切削磨损过程，而这两种磨损过程均与沙粒的冲角有密切关系。

对于表面平滑的材料，具有一定冲击动能的沙粒所造成的磨损，可分为如下两种基本情况：

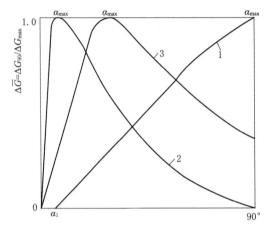

图 4.5 - 4　沙粒冲角和磨损特性曲线

（1）若磨损为纯变形磨损，则沙粒动能的垂直分量决定材料的磨损量。沙粒冲角磨损特性曲线如图 4.5 - 4 中的曲线 1 所示。在某一小冲角范围内（$\alpha = 0° \sim \alpha_1$），沙粒垂直动能分量不足以使材料产生变形磨损。此后，随冲角增加，其垂直动能分量增加，磨损量增大，在 $\alpha = 90°$ 时有最大磨损量，相应的冲角为最大冲角 $\alpha_{max} = 90°$。

（2）若磨损为纯切削磨损，则沙粒动能垂直分量决定其压入材料表面的深度。沙粒冲击动能的水平分量完成微切削运动，而最终剥落材料的微体积造成磨损量。因此，$\alpha = 0°$ 和 $\alpha = 90°$ 时材料无磨损。前者因沙粒不能压入材料表面，后者因沙粒不能作水平切削运动。而在 $0° \sim 90°$ 的某一冲角 α_{max} 下材料有最大磨损量。由于切削掉的材料体积主要取决于沙粒水平运动，因此，α_{max} 更接近于 $0°$。

水轮机实际材料的磨损过程中，包括微切削与变形磨损两部分。因此，其冲角磨损特性介于曲线 1 和曲线 2 之间，如图 4.5 - 4 中曲线 3 所示。对于有较高硬脆性的水轮机材料，如表面硬化钢和高硬铸铁，主要为变形磨损，其最大磨损冲角接近 $90°$。对于较高柔韧性的水轮机材料，如软钢和铜，最大磨损冲角接近于小冲角方向。

在冲角 $\alpha = 90°$ 时，应无切削磨损发生，而变形磨损达最大值。以 $90°$ 冲角下的磨损值 ΔG_{90} 表征该材料的变形磨损成分。以 $\alpha = 90°$ 时磨损量 ΔG_{90} 与材料最大磨损量 ΔG_{max} 的比值 $\Delta \overline{G}$，表征材料的磨损机理和材料特性，$\Delta \overline{G} = 1$ 时为纯变形磨损（典型脆性材料），$\Delta \overline{G} = 0$ 时为纯切削磨损（典型弹性材料）。

各种工业用钢和合金钢的最大磨损冲角范围 α_{max} 为 $35° \sim 40°$，变形磨损比值 $\Delta \overline{G}$ 为 $0.27 \sim 0.67$。而有色合金复层的冲角磨损特性较工业钢材更近于脆性材料的特性，其最大磨损冲角要大些，在 $45° \sim 60°$ 范围内。硬铸铁的冲角磨损特性的 α_{max} 约为 $63°$，并有很高的变形磨损比值，$\Delta \overline{G} = 0.81$，表示该材料有更高的脆性。

在小冲角磨损条件下有低的磨损，而在空化扰动的大冲角垂直冲击下，发生显著的磨损量，弹性合成橡胶材料复层因在大冲角下有很低的磨损，因而可很好地抵抗空化条件下的沙粒磨损，这也是实践所证明的现象。在水轮机材料选择时，必须首先分析水轮机过流部件的沙粒冲角条件，然后据此选择合适的材料，使其在该冲角条件下有很高的抗磨性。

4.5.3.2　沙粒磨损时间对材料磨损量的影响

对于不变的磨损条件（包括泥沙浓度、流速、沙粒特性和磨损方式），被磨损材料的磨损失重与冲击表面的沙粒数目成正比。因此，也应与磨损时间成正比。无论用回转试件方法或冲击射流方法，还是用模型水轮机，进行磨损时间的影响实验，都可得到上述结论。

对实际水轮机磨损，含沙水流一次通过水轮机流道，沙粒非循环使用，因此，虽然沙粒在通过流道全部长度时，也会因冲击边壁而有形状和尺寸的变化，但很微小，所以沙粒特性的变化可以不计。在这种条件下，时间磨损指数取为 1 是恰当的。

4.5.4　空化对磨损的影响

当过流表面发生磨损和空蚀共同破坏时，沙水两相介质共同作用，相互促进，致使破坏加剧，其破坏是单纯磨损或空蚀的几倍到十几倍。沙粒的加入使空化核子增加，导致空化的提前出现和空蚀面积增大。空化在材料表面造成了蜂窝状空蚀坑和凸起，沙粒则起到磨料的作用，很容易将这些粗糙表面磨削掉，形成新的不平整，造成水流的局部紊乱，使空化更容易发生，而空泡的溃灭形成压力波、微射流又将再次造成表面破坏。

此外，压力波、微射流以及反弹空泡形成的冲击波都可能影响沙粒的运动，倪汉根等对空泡溃灭冲击波携带固体颗粒的作用进行了数值计算，结果表明冲击波可以明显地加大颗粒运动速度，颗粒粒径越小，初始时刻距泡心越近，获得的速度越大，最高可达 100m/s 量级；陆力等的研究也表明，空泡在固体边壁附近溃灭时，泡壁的急剧运动将使空泡周围流体达到极高的速度，而流体挟带固体颗粒一起运动，粒径较小的颗粒速度可达 10m/s 量级。由于壁面的影响使空泡溃灭呈不对称形状，空泡处流体挟带颗粒所得到的速度将是冲向壁面的，叠加本身的水平运动速度，颗粒会以更大的动能和较大的冲角冲击过流表面，在表面上形成犁型、楔型冲击坑，直接造成材质损失。李村水电站试验结果表明，这些冲击坑会引起坑后局部流动的紊乱，在坑后产生局部空化、空蚀现象，又加剧了破坏程度。

总之，水轮机沙水流中空蚀的出现，将极大地改变被侵蚀表面的形貌及沙粒的动能和运动轨迹，使沙粒对过流表面磨损加剧；反过来过流表面严重的磨损破坏又使水流状态发生紊乱，导致更严重空蚀的出现。磨损和空蚀就是这样相互促进、循环往复造成被磨蚀材质的迅速损失，其中空蚀的出现是造成磨损破坏的重要因素。综合国内外一些研究成果，可以认为空蚀与泥沙磨损破坏一般有以下几方面的区别：

（1）单纯清水空蚀破坏是与流速的 5～8 次方成正比，而单纯磨损则是与过流速度的 3 次方左右成正比。

（2）清水空蚀破坏随时间的发展是复杂的，而磨损随时间的变化一般是直线关系。

（3）空蚀破坏过程中存在一段潜伏期，在潜伏期内，未发现材料损失；而在磨损过程中，则没有潜伏期。

（4）空蚀破坏主要大量周期性荷载引起材料疲劳破坏所致，磨损则主要是沙粒较大冲角时引起的材料变形磨损和较小冲角时引起的微切削师造成。

对于水轮机不同部位及各种类型的空蚀与泥沙磨损的共同作用机理，一般认为主要有下面几个特征：

（1）当空蚀与泥沙磨损联合作用时间小于材料的空蚀潜伏期时间时，材料主要为磨损破坏，仅与水流流速、泥沙含量、颗粒大小、形状和硬度有关。

（2）当材料的联合作用时间明显超过了材料的空化潜伏期时，空蚀破坏作用明显增大。

（3）当材料空化潜伏很短，空蚀破坏强度明显超过泥沙磨损强度时，过流部件的损坏主要表现为空蚀破坏的特征。当泥沙磨损强度明显超过空化破坏强度时，过流部件的损坏主要表现为泥沙磨损的特征。

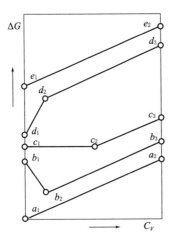

图 4.5-5　空蚀与泥沙磨损联合
作用下材料的损耗量
ΔG 与含沙浓度 C_V 的关系

图 4.5-5 是由冲击试验方法得出的，综合反映了各种条件下空蚀与泥沙磨损联合作用下材料的损耗量 ΔG 与含沙浓度 C_V 的关系。曲线 $a_1 a_2$、$b_1 b_2 b_3$、$c_1 c_2 c_3$ 为材料有较长的空化潜伏期的情况。$a_1 a_2$ 为空蚀作用很小，主要为泥沙磨损作用，此时，单纯的初生空化并不能造成材料的损耗，对应于 a_1 点。随水中含沙量增加，材料损耗直线上升。材料表面的损坏形态完全表现为泥沙磨损特征，但因存在空化扰动，损耗量较单纯泥沙磨损高。

当空化现象由初生空化向破坏性空蚀过渡时，材料损耗相当于 b_1 点。当水中含沙量增加时，沙粒磨平了空蚀造成的不平表面，减弱了材料的空蚀损耗。随含沙量增加，材料表面磨光保护作用越有效，失重随之下降越多。在 b_2 点以前，主要以空蚀损耗为主。b_2 点以后，因含沙量的进一步增加，使泥沙磨损作用超过了空蚀作用，如 $b_2 b_3$ 段所示。材料表面的损坏形态则表现为泥沙磨损的特征。

$c_1 c_2$ 线段对应于空蚀破坏阶段。此时空化强度较大，如果水中含沙量不够大时，泥沙磨损的作用不足以显著改变空蚀破坏形态。因此，含沙量的变化不能使总的材料蚀损耗改变。只有当含沙量增大到一定程度时（取决于空蚀破坏强度），泥沙磨损的作用开始影响损耗量。c_2 点以后，随含沙量进一步增加，空蚀与泥沙磨损联合作用而使损耗量直线上升，如 $c_2 c_3$ 段所示。当清水下的空蚀破坏更为剧烈时，如果过流表面材料有较大塑性，空化冲击将使材料表面破坏成蜂窝孔洞，而在蜂窝孔洞四周塑性金属被挤压出，形成环形堆积层。如果水流中含有泥沙颗粒，沙粒很易将这些堆积层大块剥落，使损耗剧增，如 $d_1 d_2$ 段所示。含沙量继续增加时，损耗量将平稳上升，如 $d_2 d_3$ 段所示，这一规律主要取决于泥沙磨损破坏和空蚀破坏的共同作用。

当空化足够剧烈时，水中含沙量不能影响原来的破坏形态，损耗量为空蚀损耗与泥沙磨损的叠加，如 $e_1 e_2$ 段所示。

当含沙水流中产生空化现象时，过流部件表面的损耗是空蚀与泥沙磨损共同作用的结果。在水轮机过流部件的工作条件范围内，这种情况时常发生。在浑水空化条件下，空蚀和磨损的相互影响，与含沙浓度、粒径、流速、材质和工作条件有关。在某些情况下，对于一定的含沙量，磨损可以减轻空蚀破坏。在含沙水流中材料表面发生强烈空化，将使泥沙磨损加剧。

试验研究水流冲击速度与空蚀泥沙磨损联合作用下的材料损耗之间的关系，得出空蚀泥沙磨损与冲击速度关系经验公式

$$\Delta G = kV^n \tag{4.5-7}$$

式中：ΔG 为试件的损耗量；k 为试验求得的系数；V 为冲击沙水流速；n 为试验求得的流速指数，与泥沙浓度或含沙量 C_V 有关。

有试验表明：空化条件下，当 $C_V = 0\%$ 时，指数 $n = 9.5$；当 $C_V = 10\%$，$n = 4$。而单纯磨损时，$n = 2 \sim 3$。可见，空蚀与泥沙磨损联合作用比单独泥沙磨损的作用要大得多。

应当注意，在上述冲击试验中的沙水流速 V 值接近于实际沙粒冲击速度。而在实际水轮机中，沙粒的冲击速度很难准确获得，因此沙水流速与磨损量的准确关系还应通过实验得出。

4.6 泥沙磨损预测的数学模型

4.6.1 磨损强度的定义

为了判断泥沙磨损对水轮机过流部件的损伤程度和不同材料的耐磨损性，在泥沙磨损试验中，应定义有关的磨损判别数。

工程中常采用"磨损率"或"磨损强度"来表征泥沙磨损的程度。一般磨损强度以单位时间内磨损痕迹的深度 Δh 来表征，同时也考虑到被磨损区域的面积 ΔA。这样实际上就是单位时间内材料的体积损失 ΔV。由于破坏痕迹是不均匀的，体积损失难以测量，因此，可用单位时间内磨损后的材料重量损失 ΔG 来表征。泥沙磨损率 $\dot{E}$ 为

$$\dot{E} = \frac{\Delta G}{\gamma t \Delta A} \tag{4.6-1}$$

式中：t 为磨损历时；γ 为过流部件材料的比重。

由于水轮机叶片厚度损失决定水轮机的效率变化程度和有无磨穿、断裂的可能性，所以也可用叶片厚度损失来表征磨损的程度，由下式来决定。

$$\Delta \bar{h} = \Delta h_{\max} / h \tag{4.6-2}$$

式中：$\Delta \bar{h}$ 为叶片相对磨损厚度；$\Delta h_{\max}$ 为叶片磨损掉的最大厚度；h 为叶片厚度。

为了比较不同材料或相同材料在不同磨损参数下材料的耐磨损性能，可用相对耐磨系数 k_ε 表示：

$$k_\varepsilon = \frac{\Delta V_T}{\Delta V_P} = \frac{\Delta G_T \gamma_P}{\Delta G_P \gamma_T} \tag{4.6-3}$$

式中：k_ε 为材料相对耐磨系数；ΔV_T、ΔV_P 为所研究材料与标准材料的磨损体积损失；ΔG_T、ΔG_P 为所研究材料与标准材料的磨损重量损失；γ_T、γ_P 为两种材料的比重。

4.6.2　Finnie 磨损模型

Finnie 在假设固体颗粒的切削作用类似于切削工具的作用后，给出了单位质量的颗粒碰撞韧性金属材料磨损模型，此磨损模型中，切削深度主要取决于材料表面的物理特性，由于该模型的表达式比较简单，因此应用也较方便。该磨损模型的表达式为

$$\dot{E}=kV_p^n f(\alpha) \tag{4.6-4}$$

其中
$$f(\alpha)=\begin{cases}\sin(2\alpha)-3\sin^2\alpha, & \tan\alpha\leqslant\dfrac{1}{3}\\[2mm]\dfrac{1}{3}\cos^2\alpha, & \tan\alpha\geqslant\dfrac{1}{3}\end{cases}$$

式中：$\dot{E}$ 为磨损率；k 为颗粒切削材料的系数；V_p 为颗粒撞击材料表面的速度；n 为速度指数，Finnie 定义为 2，但实际上一般为 2.5 左右；α 为颗粒冲击材料表面的角度；$f(\alpha)$ 为颗粒冲角函数。

4.6.3　Grant 和 Tabakoff 磨损模型

Grant 和 Tabakoff 给出了单位质量的颗粒碰撞韧性金属材料固壁所产生的质量磨损率的磨损模型，其经验表达式为

$$\dot{E}=k_1(V_p\cos\alpha)^{m_1}(1-R_T^2)f(\alpha)+k_2(V_p\sin\alpha)^{m_2} \tag{4.6-5}$$

其中
$$R_T=1-k_3 V_p\sin\alpha, f(\alpha)=\begin{cases}\left[1+k_4\sin\left(\dfrac{\alpha}{\alpha_0}90°\right)\right]^2, & \alpha\leqslant2\alpha_0\\[2mm]1, & \alpha>2\alpha_0\end{cases}$$

式中：$\dot{E}$ 为磨损率，g/s；V_p 和 α 分别为颗粒撞击固壁的速度和入射角；α_0 为最大磨损的颗粒入射角（一般为 20°～30°）；m_1 和 m_2 为速度指数；k_1、k_2、k_3、k_4 分别为经验系数；$f(\alpha)$ 为颗粒冲角函数。

α_0、m_1、m_2、k_1、k_2、k_3、k_4 均取决于颗粒和磨损材料的材质特性。对于一般河沙颗粒和韧性磨损材料，可取 $m_1\approx2$；$m_2\approx4$；$\alpha_0\approx25°$；$k_1=1.505\times10^{-6}$ (s/m)²；$k_2=5.0\times10^{-12}$ (s/m)⁴；$k_3=0.0016$s/m；$k_4=0.296077$。

4.6.4　Elkholy 磨损模型

Elkholy 通过大量脆性磨损材料实验数据的综合，给出了一般脆性磨损材料的经验磨损表达式

$$\dot{E}=kC_V^{0.682}d_p^{0.616}V_p^{2.39}\left(\frac{HV_1}{HV_2}\right)^n\left[1+\sin\left(\frac{\alpha-\alpha_1}{90°-\alpha_1}\times180°-90°\right)\right] \tag{4.6-6}$$

其中
$$n=\begin{cases}3.817, HV_1/HV_2\leqslant1.9\\0.268, HV_1/HV_2>1.9\end{cases}$$

式中：$\dot{E}$ 为磨损率；C_V 为颗粒体积浓度（体积分数）；d_p 为颗粒直径；V_p 为颗粒冲击速度；HV_1/HV_2 为颗粒与磨损材料的维氏硬度比值；α 为颗粒冲击角度；α_1 为最小磨损角，一般可取为 0；k 为磨损系数，对铸铁可取 1.342×10^{-5} g·s$^{1.39}$/m$^{3.006}$。

4.6.5 E/CRC 磨损模型

E/CRC 磨损模型常用于 CFD 模拟气固或液固两相流造成的磨损中，其基本形式建立在 Finnie 模型的基础上：

$$\dot{E} = k\varphi V_p^n f(\alpha) \qquad (4.6-7)$$

式中：$\dot{E}$ 为磨损率；k 为磨损系数；φ 为沙粒球形度系数（极不规则颗粒取 1.0，球形颗粒取 0.2）；V_p 为颗粒入射速度；α 为颗粒入射角，n 为速度指数，由实验数据可取 2.4。

磨损系数 k 和 $f(\alpha)$ 的计算，对于铬镍铁合金 718，有试验给出计算式如下：

$$k = C(BH)^{-0.59}, f(\alpha) = \sum_{i=1}^{5} A_i \alpha^i \qquad (4.6-8)$$

式中：C 为实验确定的经验系数；BH 为磨损件材料的布氏硬度，2.17×10^{-7}；A_i 为五次不同入射角下实验获得经验系数。

4.6.6 Y. I. Oka 磨损模型

Y. I. Oka，K. Okamura 和 T. Yoshida 给出了单位质量的颗粒碰撞金属材料固壁所产生的体积磨损率的磨损模型，其经验表达式为

$$\dot{E} = k(HV)^{k_1} V_p^n d_p^{k_2} f(\alpha) \qquad (4.6-9)$$

其中

$$f(\alpha) = \sin^{k_3}\alpha [1 + HV(1 - \sin\alpha)]^{k_4}$$

式中：$\dot{E}$ 为磨损率，mm^3/s；HV 为磨损件材料的维氏硬度；V_p 为颗粒冲击速度，m/s；n 为速度指数；d_p 为颗粒直径，mm；$f(\alpha)$ 为颗粒冲角函数；α 为颗粒冲击磨损件表面的角度；k、k_1、k_2、k_3、k_4 为经验系数，由实验确定。

4.6.7 Sheldon 和 Kanhere 磨损模型

Sheldon 和 Kanhere 认为磨损与颗粒冲压材料表面的最大深度的三次方成正比。为从能量角度计算最大深度 h_{max}，首先计算球形颗粒以较低速度 V_p 法向撞击材料表面时的动能

$$K = \frac{1}{2}\left[\frac{4}{3}\pi\left(\frac{d_p}{2}\right)^3\right]\rho_p V_p^2 = \frac{\pi}{12}\rho_p d_p^3 V_p^2 \qquad (4.6-10)$$

式中：d_p 为颗粒直径；ρ_p 为颗粒密度。

根据 Meyer 的经验关系式，施加的载荷 F 与压痕的直径 d 有关：$F = ad^n$，则颗粒正向撞击过程中对材料表面做功为

$$E = \int_0^{h_{max}} F dh = \int_0^{h_{max}} ad^n dh \qquad (4.6-11)$$

其中

$$a = \frac{\pi}{4}HV \quad (HV \text{ 为维氏硬度})$$

当 $n = 2$ 时，$E = \frac{\pi}{4}HV\int_0^{h_{max}} d^2 dh$，压痕直径 d 与压入深度 h 有如下关系：

$$2h = d_p - \sqrt{d_p^2 - d^2} \qquad (4.6-12)$$

法向力做功应当与式（4.6-10）中的颗粒法向动能相等，因此有

$$\frac{\pi}{12}\rho_p d_p^3 V_p^2 = \frac{\pi HV}{8}\int_0^{h_{max}} \frac{d^2}{\sqrt{d_p^2 - d^2}} d(d) \qquad (4.6-13)$$

计算可得颗粒撞击壁面的最大深度为

$$h_{\max}=\sqrt[3]{\frac{\pi}{12}}\sqrt{\frac{\rho_p}{HV}}d_pV_p \tag{4.6-14}$$

4.6.8　DNV 磨损模型

Haugen 等人给出了砂粒撞击钢材的磨损模型，其质量磨损率 $\dot{E}$ 表达式为

$$\dot{E}=\dot{m}_p k V_p^n f(\alpha) \tag{4.6-15}$$

其中 $$f(\alpha)=A\alpha+B\alpha^2+C\alpha^3+D\alpha^4+E\alpha^5+F\alpha^6+G\alpha^7+H\alpha^8$$

式中：$\dot{E}$ 为磨损率，mm^3/s；$\dot{m}_p$ 为单位时间撞击钢材表面的颗粒质量；k 为磨损系数，对于普通钢材，可取为 2×10^{-9}；V_p 为颗粒冲击表面速度；n 为速度指数，可取 2.6；$f(\alpha)$ 为颗粒冲角函数；α 为颗粒冲击角度（$0\sim\pi/2$）；系数 $A=9.37$，$B=-42.295$，$C=110.864$，$D=-175.804$，$E=170.137$，$F=-98.398$，$G=31.211$，$H=-4.170$。

4.6.9　高浓度颗粒流磨损模型

前面的几个磨损模型及其他很多磨损模型的建立中，几乎都忽略了固液两相流动中的颗粒-颗粒作用，而含沙河流及其他固液两相流动中，尤其是高浓度混合流中，其颗粒-颗粒作用与颗粒-流体作用至少有相同大小的数量级，如果颗粒朝固壁运动、颗粒在壁面附近的湍流剪切层中有脉动颗粒速度、颗粒沿壁面有 Coulombic 接触，则颗粒都有可能与壁面发生作用。这样，对于高浓度混合流中，磨损的基本过程可以考虑主要有下列 3 种：①固体颗粒的直接冲击磨损；②颗粒对壁面的随机冲击磨损；③颗粒与壁面的摩擦磨损。

这些磨损分量都与作用在含沙水流中的应力有关，可以从流体力学分析获得，其应力主要有：①颗粒的动压或压强应力；②颗粒碰撞应力；③Coulombic 接触摩擦应力。

颗粒-壁面作用所耗散的能量或磨损件的磨损率可根据上面的三种应力来计算。由于能量法能把边壁附近的流动指数和壁面磨损联系起来，因此本模型采用能量法。在能量法中，假设由颗粒-壁面作用所耗散的能量与壁面材料失去量成比例，比例系数取决于磨损机理（直接冲击、随机冲击、Coulombic 摩擦）和其他作用过程的影响，如腐蚀、空蚀等。

对于高浓度混合流中的磨损的能量预测法，是将实验系数和数值计算相结合。首先由实验室的试验结果获得数值模型中的实验系数，然后可用该磨损模型预测磨损件的磨损率。过流部件任何位置的磨损率 $\dot{E}$ 可表示成由直接冲击引起的磨损率 $\dot{E}_I$，随机冲击引起的磨损率 $\dot{E}_P$ 和 Coulombic 摩擦的磨损率 $\dot{E}_C$ 之和，即

$$\dot{E}=\dot{E}_I+\dot{E}_P+\dot{E}_C \tag{4.6-16}$$

式中，$\dot{E}_P$ 和 $\dot{E}_C$ 在高浓度混合流中表现得尤为重要，$\dot{E}_I$ 与 $\dot{E}_P$ 之和可用下式来表示：

$$\dot{E}_I+\dot{E}_P=K_{IP}(\alpha)\rho_p C_V V_p^n \tag{4.6-17}$$

式中：K_{IP} 为 α 冲角下，颗粒冲击壁面（包括直接冲击和随机冲击）所耗散单位能量引起的磨损率；ρ_p 为颗粒密度；C_V 为固相浓度；V_p 为颗粒冲击壁面速度；n 为速度指数。

式 (4.6-16) 中 $\dot{E}_C$ 可表示成：

$$\dot{E}_C = K_C \tau_C V_P \cos\alpha \qquad\qquad (4.6-18)$$

其中
$$\tau_C = \sigma_C \tan\beta$$

式中：K_C 是由于 Coulombic 摩擦所引起的磨损率；τ_C 是由于颗粒与壁面 Coulombic 接触所引起的剪切应力；σ_C 为 Coulombic 接触所引起的法向应力；β 为内摩擦角；$\tan\beta$ 为 Coulombic 接触系数，其值为 $0.30 \sim 0.35$。

由式 (4.6-17) 和式 (4.6-18) 可得到总磨损率公式：

$$\dot{E} = K_{IP}(\alpha) \rho_p C_V V_P^n + K_C V_P \cos\alpha \sigma_C \tan\beta \qquad\qquad (4.6-19)$$

实际上，K_{IP} 可进一步表示成

$$K_{IP}(\alpha) = K_{IP}(0°) \cos^n\alpha + K_{IP}(90°) \sin^n\alpha \qquad\qquad (4.6-20)$$

这样，可得到高浓度固液两相流中磨损率的表达式：

$$\dot{E} = K_{IP}(0°) \rho_p C_V (V_P \cos\alpha)^n + K_{IP}(90°) \rho_p C_V (V_P \sin\alpha)^n + K_C V_P \cos\alpha \sigma_C \tan\beta$$

$$(4.6-21)$$

式中：$\dot{E}$ 为单位时间表面材料的磨损深度；系数 $n=3$；$K_{IP}(0°)$、$K_{IP}(90°)$ 和 K_C 取决于表面材料特性，可由实验确定。对于一般河沙，$K_{IP}(0°) = 2 \times 10^{-11} \sim 4 \times 10^{-11}$，$\mathrm{mm \cdot s^2 / kg}$；$K_{IP}(90°)$ 为 $2 \times 10^{-8} \sim 5 \times 10^{-8}$，$\mathrm{mm \cdot s^2 / kg}$；$K_C$ 为 $5 \times 10^{-6} \sim 1 \times 10^{-5}$，$\mathrm{mm \cdot s^2 / kg}$。

第5章 水轮机泥沙磨损试验

5.1 泥沙磨损试验方法

5.1.1 试验装置种类

有关水轮机泥沙磨损的试验装置种类很多。试验设计的基本原则如下：①使处于挟运状态的沙粒（或其他相当的坚硬固体颗粒，如模铸铁丸或钢球等）与试验试件表面作相对运动，从而造成试件的磨损；②试验参数（如沙粒浓度、运动速度、沙粒与试件冲撞时的方向、试件材质特性等）要便于调整改变；③为了缩短试验时间，试件的磨损要快速；④试验磨损条件尽量模拟实际水轮机过流部件的工作条件；⑤装置尽量简单等。

目前水轮机泥沙磨损试验一般在实验室泥沙磨损试验台上开展。根据试验环境和条件的不同，实验室泥沙磨损试验装置也不一样，下面是一些典型的试验装置。

1. 容器旋转型试验装置

密封容器中盛有沙水混合液及固定的试件，如图 5.1-1 所示。使容器旋转，从而造成低频冲击磨损（每一转冲击 1 次或 2 次）。主要用于研究沙粒磨损过程中，磨损表面组织和特性的变化。

2. 射流冲击型试验装置

用含有固体颗粒的喷射水流或气流冲击试件表面造成磨损。试件所承受的冲击颗粒流可以是连续不断的，连续射流冲击速度可以依不同方式建立，可以由离心力造成射流冲击，如图 5.1-2 所示；也可以由试件回转造成射流冲击，如图 5.1-3 所示。这类试验装置为常用的固体颗粒磨损试验装置，主要用于研究固体颗粒磨损的基本规律和材料抗磨性。

3. 局部扰流型试验装置

含沙水流绕流各种型式的局部阻力体，造成含沙水流的局部扰动区，而使扰动区的试件磨损。可以利用水洞装置中的固定阻力体造成局部扰流，如图 5.1-4 所示；也可以利用高速旋转圆盘上的阻力体造成局部扰流—转盘装置，如图 5.1-5 所示。这种装置可以模拟水轮机流道中的局部阻力部件的实际磨损条件，用于研究沙粒磨损特性、空蚀与泥沙磨损联合作用和材料的耐磨特性。

4. 振动冲击型试验装置

在含有不同尺寸磨粒的混合液的容器中，试件固定，依靠容器振动，造成试件磨损，如图 5.1-6 所示。该装置专用于研究金属表面的磨损冷作硬化现象和大小不同磨粒的混合磨损作用。

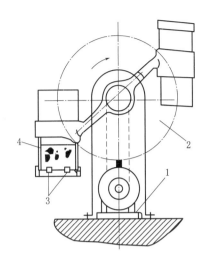

图 5.1-1 容器旋转型试验装置

1—电机；2—试验容器；3—试件；4—沙水混合液

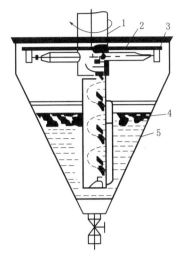

图 5.1-2 离心射流冲击型试验装置

1—转子；2—射流管；3—试件；
4—螺旋泵；5—试验容器

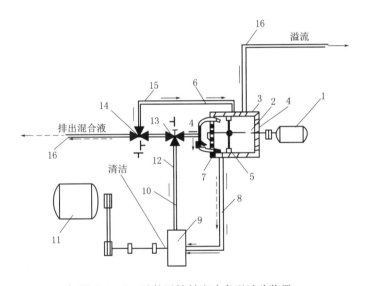

图 5.1-3 试件回转射流冲击型试验装置

1，11—电机；2—试验箱；3—橡胶衬里；4—转轴；5—试件；6—喷嘴；
7—射流分配装置；8，12，15，16—水管；9—泵；10—清水管；13，14—三通阀

5. 单个磨粒冲击型试验装置

由喷射装置抛射单个磨粒于试件表面，造成磨痕，如图 5.1-7 所示。该装置专用于研究磨粒冲击磨损的机理。

6. 沙粒旋流型试验装置

试件固定，使沙水混合液中旋流而冲刷试件表面造成磨损，如图 5.1-8 所示。该装置常用于研究材料的耐磨性和沙粒磨损的基本规律。

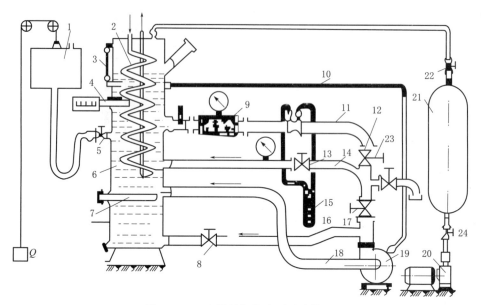

图 5.1-4　水洞局部扰流型试验装置

1—接收箱；2—冷却器；3—水位计；4—温度调节器；5，8，12，13，17，22，23，24—阀门；6—沙液容器；

7—电热器；9—试验段；10—清水管；11，14，16，18—水管；15—差动压力计；19—泵；20—空压机；21—储气筒

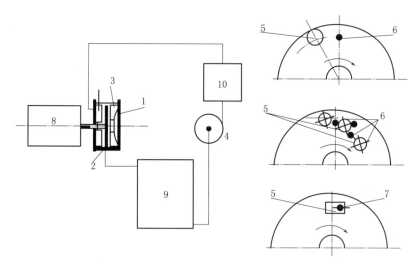

图 5.1-5　高速旋转圆盘局部扰流型试验装置

1—试验箱；2—转盘；3—稳定叶片；4—泵；5—试件；6—扰流诱发孔；

7—阻力体；8—电机；9—储液箱；10—冷却器

7. 试件回转型试验装置

试件在沙水混合液中转动，形成试件与沙粒的碰撞，造成磨损，如图 5.1-9 所示。该装置常用于研究材料的耐磨性和沙粒磨损的基本规律。

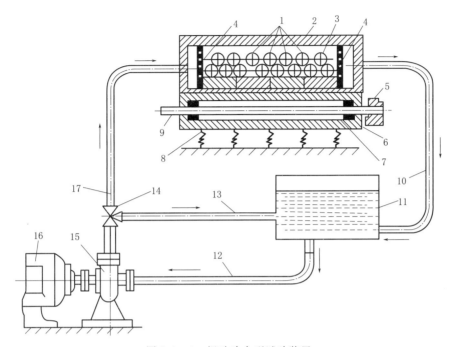

图 5.1-6 振动冲击型试验装置

1—试件；2—试验箱；3—钢球；4—滤板；5—偏心重块；6—轴承；7—振动台；8—弹簧；
9—轴；10，12，13，17—水管；11—储液箱；14—三通阀；15—泵；16—电机

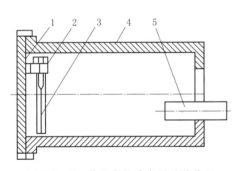

图 5.1-7 单个磨粒冲击型试验装置

1—挡板；2—夹架；3—试件；
4—透明容器；5—抛射器

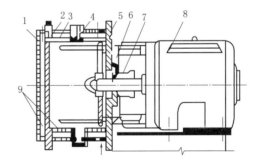

图 5.1-8 沙水旋流型试验装置

1—外罩；2—外筒；3—试验容器；4—试件；5—旋转圆盘；
6—轴；7—轴承；8—电机；9—冷却空腔

上述试验装置中，水洞试验装置一般用以模拟水轮机部件的局部扰流磨损情况。用凸台扰流体可以近似模拟水轮机过流部件上的安装螺钉附近的磨损情况；用圆柱扰流体可以近似模拟导叶轴附近的磨损流态；用缝隙装置近似模拟导叶端面、迷宫环缝隙和轴流式转轮叶片与转轮室之间的缝隙等部位的磨损条件。

冲击射流试验装置用于改变沙粒冲角，而其射流与试件表面的相对方向最为明确，因而最便于研究冲角对磨损的影响。冲击射流试验装置的试验条件与冲击式水轮机的实际磨损条件最为接近。

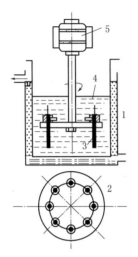

图 5.1-9　试件回转型试验装置

1—试验容器；2—圆盘；3—试件；

4—沙水混合液；5—电机

试件回转磨损试验装置中，沙粒对试件表面的作用方向不太明确。虽然由试件磨损形态上判断，在迎流面遭到最大磨损。但在试件侧面也有磨损痕迹。综合看来，大体上可以认为其冲角近于 90°。

对于沙粒旋流试验装置，当混合液旋流稳定后，磨粒对试件表面的磨损角度很小，接近于 0°冲角。而对凸块试件布置方式，其冲角为 0°～90°。

各种实验室装置的磨损条件不完全相同，因而试验数据可能有较大偏差。如同一种材料试验的耐磨系数可以相差近 50 倍。但是，在实验室试验中，需要的通常是材料特性相对量的比较。因此，这并不妨碍试验结果的应用。如在不同试验方法下，某一种材料的耐磨系数可能有差别，但各种材料的耐磨性排列次序应可供取用。

上述泥沙磨损试验方法中，某些试验方法的试验过程中，试件附近常伴随有空化现象产生。实际上，如转盘试验、水洞试验、高频振荡扰流试验及射流冲击试验等也是空化试验方法。因此，试件的损坏常为空蚀与泥沙磨损联合作用的结果。利用这些装置研究单纯沙粒磨损时，如有可能，应调整控制试验条件，消除空化的影响。虽然试验方法是沙粒磨损研究中的主要手段，但研究者的试验方法和装置各有不同，无统一规范可循。

5.1.2　磨损测试方法

泥沙磨损试验完成后需要对试验试件进行测试，以获取试验数据进行分析。目前常用的测试方法有很多，可以分别从宏观和微观方面对试验试件的磨痕进行测试。宏观方面包括试验试件失重量的测量以及试件磨损痕迹的观察，微观方面运用三维显微系统和扫描电镜等仪器观察和分析试件磨损严重区域的微观形貌。

其中磨损程度的判定，只有选取合理、恰当的判定方法，才能获得更为准确的试验结果。目前国内外对于水轮机泥沙磨损程度的判定方法有很多，针对不同的场地、运行状态、适用范围，泥沙磨损程度的判定方法有所不同，见表 5.1-1。

表 5.1-1　　　　　　　　　　　磨损程度判定方法

方　法	方　法　简　述	方　法	方　法　简　述
面积法	试件表面破坏面积占原有总面积的比重	体积法	试件体积在试验后与试验前的比值
失重法	试件质量在试验前后的变化	时间法	试件单位面积损失单位质量所耗费的时间
深度法	试件表面在试验前后的深度变化		

磨损程度的判定需要借助一些先进的仪器设备采集数据。目前常用的测试分析仪器测试方法如下：

（1）称重法。材料损失是定量评定磨损量的主要依据。称重法是水轮机泥沙磨损试件的主要测试手段之一，称重至少采用精度为 1/10000 的天平，如图 5.1-10 所示。通过测量试验前后试件的失重量来评定试件的磨损量。

（2）三维显微系统测试观察法。试验结束后采用三维显微系统观察试件磨损的三维磨痕形貌。如图 5.1-11 所示超景深三维显微系统，包括透射照明观测、偏光照明观测和微分干涉观测等不同的光学测试方法，选定试件的特征磨损区域，在测试平台上分别放大500 倍、1000 倍等倍数测量其三维磨损形貌，并且通过植入参照来测量磨损坑的深度和直径。

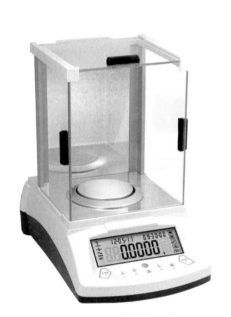

图 5.1-10　高精度天平

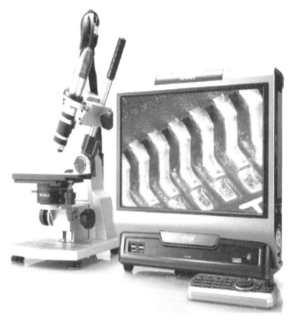

图 5.1-11　超景深三维显微系统

（3）扫描电镜测试观察法。扫描电镜（SEM）是介于透射电镜和光学显微镜之间的一种微观形貌观察手段，可直接利用试件表面材料的物质性能进行微观成像，观察试件的表面形态和金相结构等。扫描电镜的优点是：有较高的放大倍数，20～200000倍之间连续可调；有很大的景深，视野大，成像富有立体感，可直接观察各种试样凹凸不平的表面细微结构；试样制备简单，图 5.1-12 所示的扫描电镜都配有 X 射线能谱仪装置，这种扫描电镜可以同时进行显微组织形貌的观察和微区成分分析。

（4）电子探针测试观察法。电子探针是一种利用电子束作用样品后产生的特征 X 射线进行微区成分分析的仪器，可以用来分析薄片试件中矿物微区的化学组成。电子探针可以对试件中微小区域（微米级）的化学组成进行定性或定量分析。可以进行点、线扫描（得到成分分布信息）、面扫描分析（得到成分面分布图像），还能全自动进行批量（预置9999 测试点）定量分析。把电子显微镜和电子探针结合，可把在显微镜下观察到的显微组织和元素成分联系起来。常用的电子探针如图 5.1-13 所示。

图 5.1-12 扫描电镜   图 5.1-13 电子探针

　　（5）白光干涉轮廓仪测试观察法。通过白光干涉轮廓仪读取试件表面磨损前后形貌状态及表面深度，从而获得磨损深度值，进而获得磨损率定量计算公式。图 5.1-14（a）所示为白光干涉轮廓仪，其原理是通过干涉条纹来比较样品测试表面与理想参考面的偏差，是一种高速、非接触磨损测试设备，测量精度为 0.1nm。通过显微镜的干涉物镜垂直扫描测试样品表面，得到整个视场区域三维数据测试结果及表面深度信息。如图 5.1-14（b）所示，白光干涉轮廓仪的测试方法是基于干涉原理测出光程的差值，从而测定试件表面与选定参考面的差值，测量精度高达 0.1nm。通过计算机控制驱动装置带动参考镜移动，使被测试件表面进入最佳干涉位置。利用图像传感器采集干涉图样，并转换成数字信号存储于计算机内存，通过识别算法对数据进行分析处理，从而得到试件表面深度变化及形貌状态等信息。

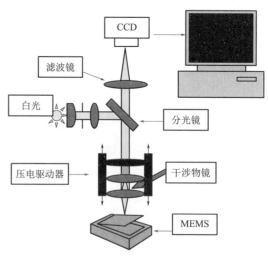

（a）白光干涉轮廓仪   （b）白光干涉轮廓仪测试方法

图 5.1-14 白光干涉轮廓仪及其测试方法

5.2　泥沙磨损绕流试验原理及装置

5.2.1　试验原理

水轮机泥沙磨损绕流试验原理：在一定系统压力下，用含沙水流绕流水轮机过流部件试件，造成试件的磨损。一般情况下，受试验系统的限制，尤其是动力系统的限制，不能在实验室对真机大小尺寸的过流部件进行试验，可根据试验工况下的水轮机沙水流动的数值计算结果，再根据沙水流线提取一个包含导叶或包含转轮叶片等试件的单流道进行试验，如果这样动力系统还无法满足，可进一步缩小单流道及其试件的尺寸开展磨损试验。试件及其试验工作段的过流通道的设计满足过流部件的几何相似，与真机过流部件的流动条件（包括速度大小、方向）一致，从而保证试验结果和真机结果相吻合。满足流动相似的水轮机过流部件绕流磨损试验研究，较其他形式的磨损预估方法更为精确。

5.2.2　试验装置

水轮机泥沙磨损绕流试验属于水洞磨损试验，可以对水轮机关键部件，如导叶、转轮叶片、导叶端面、迷宫环缝隙等进行磨损试验。

磨损试验一般包含四个系统：动力系统、泥沙混合系统、冷却系统以及试验装置系统（包括试验工作段和试件），如图 5.2－1 所示。动力系统尽可能大，泥沙混合系统也尽可能大，并可采用水流冲击和搅拌的方法实现对泥沙的均匀混合；冷却系统可采用在沙水池布置蛇形管，给蛇形管通冷却水进行冷却；试验工作段和试件是试验台的核心部件，针对不同的试验试件，依据水轮机沙水流动数值计算结果，同时根据磨损试验系统的情况，设计不同边界形状的试验工作段和试件。图 5.2－2 就是一水轮机绕流磨损试验台，其动力系统最大动力为 630kW，沙水池容量为 40m³，系统不锈钢管径为 ϕ200，系统压力为376m 水柱，额定流量为 482m³/h。

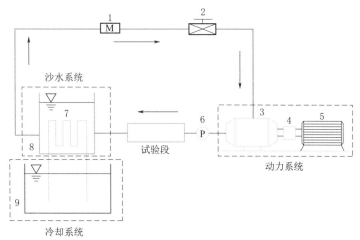

图 5.2－1　磨损试验系统示意图

1—电磁流量计；2—流量调节阀；3—泵；4—扭矩计；5—电机；
6—压力传感器；7—冷却水管；8—沙水混合池；9—冷却水池

图 5.2-2　试验装置系统

5.3　泥沙磨损深度测试方法

　　水轮机泥沙磨损绕流试验可采用磨损深度测试法，确定试件泥沙磨损情况。这里采用白光干涉轮廓仪进行水轮机泥沙磨损深度测试。

　　1. 试件表面测试位置的确定

　　磨损试件制作好后，先要对试件表面需测试的位置进行标记，以保证试验（磨损）前后都能准确测试出相同位置的数据。需要注意的是，标记的位置选择很重要，标记不能在试验（磨损）后被损坏或丢失。因此为了试验测试，在磨损试验工作段设计时，就应考虑这个问题，如对于导叶试件，一般选择导叶端面做标记，并在试验工作段结构中，设计成能将导叶的端面嵌入试验工作段的装置中，如图 5.3-1 所示的端面凹槽。导叶试件空间测试位置可按图 5.3-2 的坐标予以确定：X 轴沿导叶的弦线方向，Y 轴沿导叶的高度方向，Z 轴表示导叶表面的高度。测试沿试件高度 Y 方向进行。

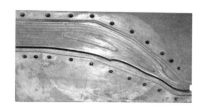

图 5.3-1　试验工作段装置

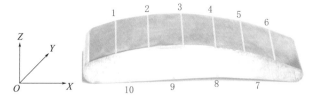

图 5.3-2　试件空间坐标位置示意图

　　2. 试件表面磨损深度的测试

　　试验的磨损程度判定方法采用深度法，其定性分析原理是基于试件表面磨损前后的深度，读取出其定量变化，从而获得磨损深度值。

　　利用白光干涉轮廓仪读取试件磨损前后测试位置处表面的高度 Z_1、Z_2，两者之差 $\Delta Z = Z_1 - Z_2$ 即为试验条件下试件表面的磨损深度。图 5.3-3 为一活动导叶测试位置的测试数据图例，磨损前的表面高度为 Z_1（圆点实线），磨损后的表面高度为 Z_2（实线）。由于试验过程中沿叶高方向，导叶上下两端面存在箱体侧壁效应，含沙水流在这个区域对导叶表面的磨损受到箱体侧壁几何形状的影响大，影响了测量精度。为了获得准确的磨损深度，一般取 1/2 导叶高度附近的表面测量值，如图 5.3 - 3 中的 15～30mm（40%～60% 叶高）范围。

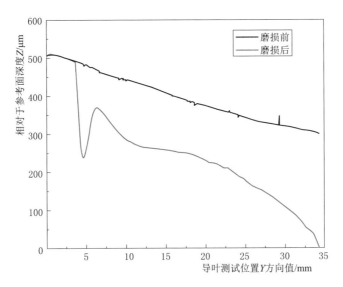

图 5.3 - 3　试件表面磨损深度的测试数据图例

5.4　泥沙磨损试验及结果分析

5.4.1　磨损试验基本参数

导叶磨损试验选择的是 HLA542 机型的小流量工况（40% 导叶开度），活动导叶为 S135（0Cr13Ni5Mo）、06Cr13Ni5Mo 两种材质，固定导叶为 Q345、1Cr18Ni9Ti 两种材质；导叶端面间隙试验选择的是 HLA542 机型的小流量工况（40% 导叶开度），为 06Cr13Ni5Mo 材质；转轮叶片选择的是 HLA351 机型的设计工况，为 S135（0Cr13Ni5Mo）材质。两种水轮机机型的设计参数见表 5.4 - 1。

表 5.4 - 1　　　　　　　　　　水轮机的基本设计参数

参数类别	基　本　参　数	
水轮机型号	HLA542 - LJ - 275	HLA351 - LJ - 275
转轮进口直径 D_1/mm	2750	2750
固定导叶的数量 Z_1/个	12	12
活动导叶的数量 Z_0/个	24	24

续表

参数类别	基 本 参 数	
转轮叶片数 Z/个	15（长）＋15（短）	15（长）＋15（短）
最大净水头/m	281	281
额定水头/m	250	250
最小净水头/m	250	250
额定出力/MW	62	63.52
额定流量/(m³/s)	27.9	27.58
额定转速/(r/min)	375	375
最大飞逸转速/(r/min)	599.2	649.2
吸出高度/m	−2.76	−4.8
装机高程/m	1916.00	1912.50

泥沙样本来自新疆克孜河中游河段上的泥沙，磨损试验按水电站汛期极端情况的含沙量 9.52kg/m³ 在实验室进行水沙配比。河流悬移质泥沙的颗粒级配和矿物成分见表 5.4 - 2 和表 5.4 - 3。

表 5.4 - 2　　　　　　　　　　　　悬移质泥沙样本颗粒级配

粒径/mm	0.002	0.005	0.075	0.25	0.5
小于某粒径沙的重量百分比/%	14.5	26.8	75.0	98.3	100

表 5.4 - 3　　　　　　　　　　　　悬移质泥沙样本矿物成分

矿物组成	石英石	方解石	长石	绿泥石
占比/%	66.9	19.1	9.8	4.2
密度/(g/cm³)	2.7	2.7	2.56	2.8

5.4.2　导叶磨损试验

1. 试件及工作段设计与制作

根据试验工况下水轮机沙水流动的数值计算结果，再根据沙水流线提取一个包含固定导叶和活动导叶的单流道，由于本试验受试验系统的动力系统限制，导叶试件及其单流道的试验工作段的尺寸在真机的基础上缩小为1/4。这里，可将导叶的三维模型简化为二维试件。在保证试验工作装置过流部件流场与真机流场运动相似和流态一致的情况下进行试验试件及工作段设计。

图 5.4 - 1 为所选电站水轮机某工况数值计算结果得到的导水机构流场沙水流线图，图 5.4 - 2 为根据导水机构内沙水流线分布，提取与实际流动一致的导水机构单绕流通道。

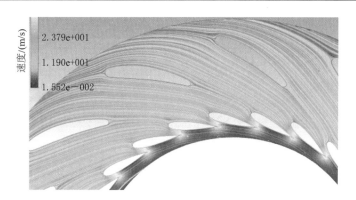

图 5.4-1 导水机构流场沙水流线图

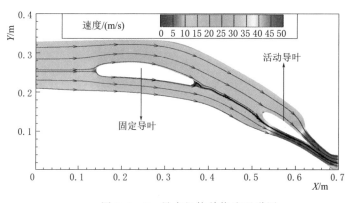

图 5.4-2 导水机构单绕流通道图

导叶试件一般采用数控工艺精确加工制作，图 5.4-3 为固定导叶和活动导叶制作的试件。工作段过流通道箱体根据提取的导水机构单流道轮廓以及导叶试件的大小而设计，图 5.4-4 为试验工作段箱体剖面的加工图，并做成金属材质的箱体，图 5.4-5 为试验工作段箱体安装好导叶后的实物图。

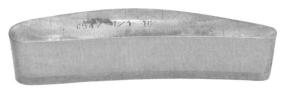

(a) 固定导叶

(b) 活动导叶

图 5.4-3 固定导叶和活动导叶试件

2. 试验及数据测试

在小流量工况下，分别对 S135、06Cr13Ni5Mo 材质的两种活动导叶和 Q345、1Cr18Ni9Ti 材质的两种固定导叶进行试验。试验前，先对导叶试件进行标识，如图 5.4-6 所示。试验时间 20h 后，不同材质的活动导叶磨损情况如图 5.4-7 所示。

利用白光干涉轮廓仪测量导叶试件刻度位置处磨损前后的表面轮廓，获得本试验试件测试位置的表面形貌及磨损前后的深度，如图 5.4-8～图 5.4-11 所示。

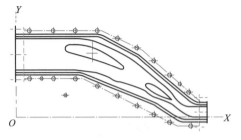

图 5.4-4 试验工作段箱体剖面加工图

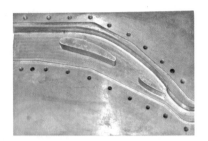

图 5.4-5 试验工作段实物图

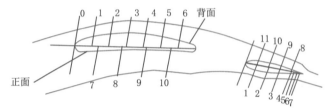

图 5.4-6 导叶试件标记及刻度线

（a）S135　　　　　　　　（b）06Cr13Ni5Mo

图 5.4-7 活动导叶磨损后图片

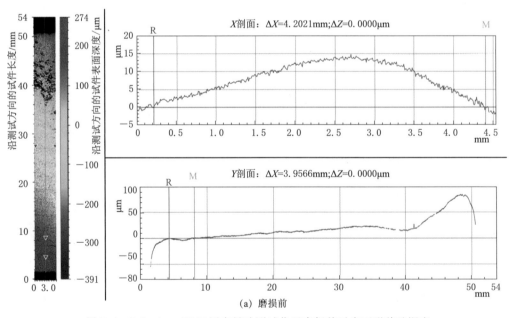

图 5.4-8（一） Q345 固定导叶测试位置磨损前后表面形貌及深度

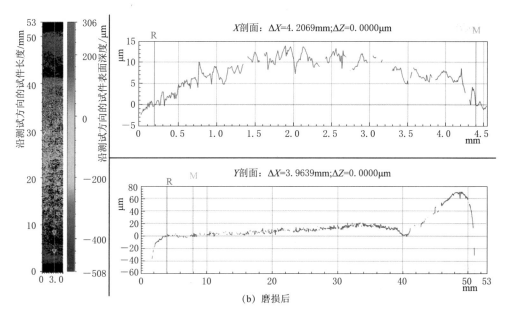

图 5.4-8（二） Q345 固定导叶测试位置磨损前后表面形貌及深度

将导叶磨损前后的表面深度、磨损量提取至后处理软件中，绘制曲线如图 5.4-12～图 5.4-15 所示。磨损前后的表面深度差值为试件表面的磨损深度，即磨损量。

5.4.3 导叶端面间隙磨损试验

在 HLA542 机型的小流量工况下（40%开度），对不锈钢材料 06Cr13Ni5Mo 的活动导叶端面间隙进行试验，试件和试验工作段设计制作与前面导叶磨损试验类似。导叶端面

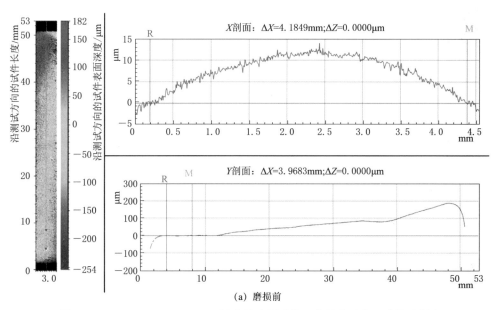

图 5.4-9（一） 1Cr18Ni9Ti 固定导叶测试位置磨损前后表面形貌及深度

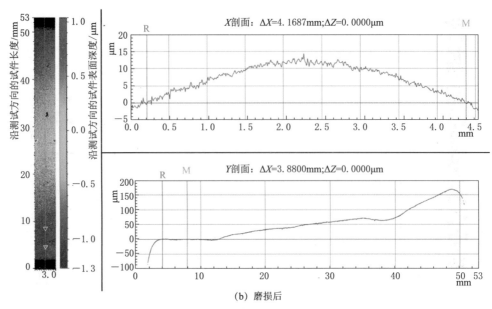

图 5.4-9（二）　1Cr18 Ni9Ti 固定导叶测试位置磨损前后表面形貌及深度

间隙选择 0.05mm 和 0.1mm，试验时间 30h 后，试验导叶端面间隙磨损情况如图 5.4-16 所示。

从试验结果分析可知，导叶端面间隙 0.05mm 比 0.1mm 抗磨损。当间隙为 0.1mm 时，间隙中的流速相对增加，此时对导叶端面的磨蚀不但有泥沙磨损的作用，还伴随着水流空化的发生，导致导叶端面磨蚀程度比间隙 0.05mm 时严重。

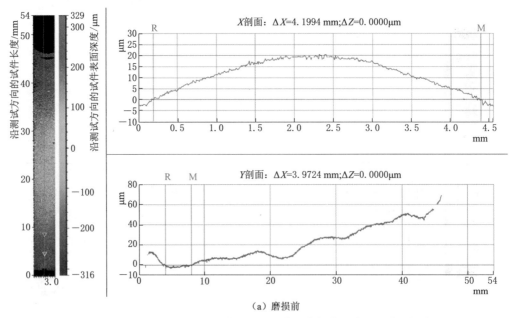

（a）磨损前

图 5.4-10（一）　S135 活动导叶测试位置磨损前后表面形貌及深度

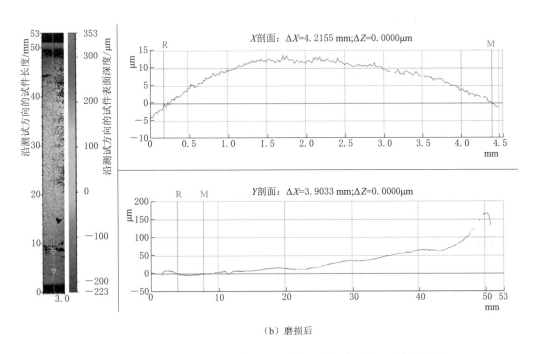

（b）磨损后

图 5.4-10（二） S135 活动导叶测试位置磨损前后表面形貌及深度

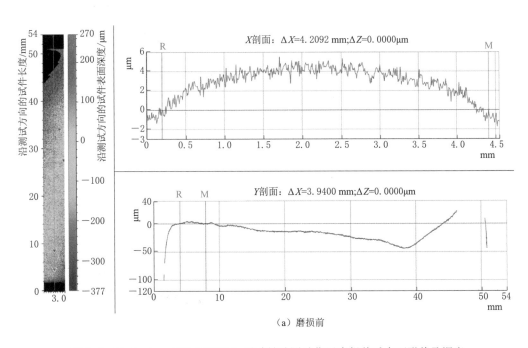

（a）磨损前

图 5.4-11（一） 06Cr13Ni5Mo 活动导叶测试位置磨损前后表面形貌及深度

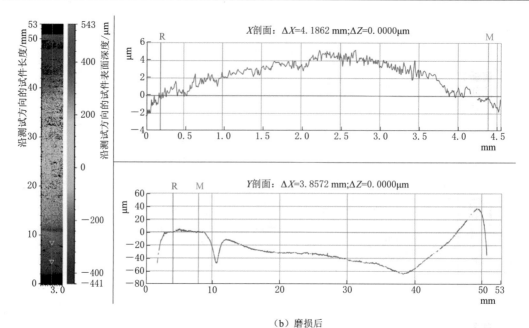

（b）磨损后

图 5.4 - 11（二）　06Cr13Ni5Mo 活动导叶测试位置磨损前后表面形貌及深度

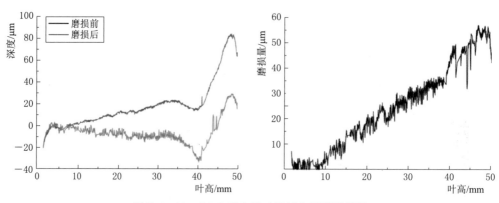

图 5.4 - 12　Q345 固定导叶测试位置磨损情况

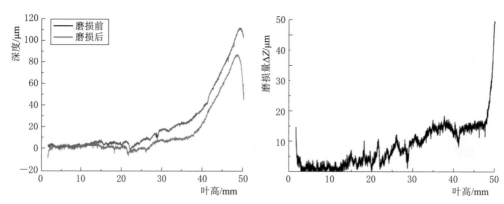

图 5.4 - 13　1Cr18Ni9Ti 固定导叶测试位置处磨损情况

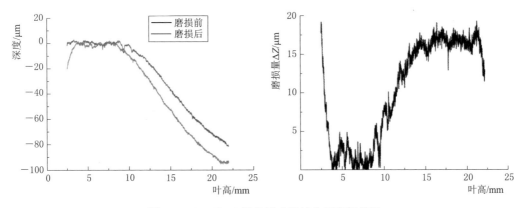

图 5.4 - 14　S135 活动导叶测试位置磨损情况

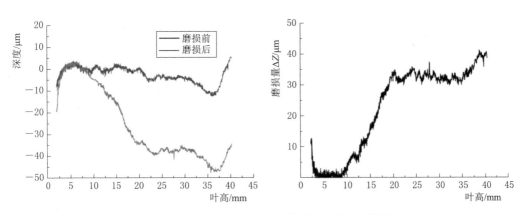

图 5.4 - 15　06Cr13Ni5Mo 活动导叶测试位置磨损情况

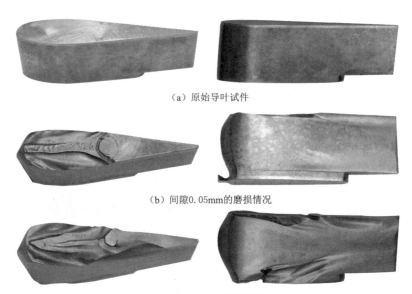

（a）原始导叶试件

（b）间隙0.05mm的磨损情况

（c）间隙0.1mm的磨损情况

图 5.4 - 16　导叶端面间隙磨损

5.4.4　转轮叶片磨损试验

1. 试件及工作段设计与制作

基于水轮机全流道数值仿真计算结果，预估出转轮磨损最严重的区域为近下环流面，故转轮磨损试验的研究重点应放在该区域。将下环附近的实际三维流面转换成二维流面，取流面上的单流道作为试验流道，使水轮机转轮叶片试件流动贴近真实绕流分布，并在保证试验工作装置过流部件相对速度场与真机流场运动相似和流态一致的情况下进行试验试件及工作段设计。

对于混流式水轮机，转轮内的流道可以认为是无数个流动花篮流面组成，针对近下环流动曲面，可以运用一定条件下相似的圆锥面来替代实际的花篮流面，再将圆锥面展开成平面，平面上的叶片翼型在一定程度上可以代表实际流面上的叶片翼型，如图 5.4-17 所示。

（a）水轮机近下环流面　　　　　　　　　　　（b）流面近似展开面

图 5.4-17　水轮机流面

转轮叶片试件和试验工作段设计与导叶类似，本试验为长短叶片混流式水轮机转轮叶片，其试验工作段如图 5.4-18 所示。

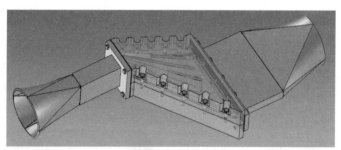

（a）转轮叶片试验段仿真图

（b）转轮叶片试验段实物图

图 5.4-18　转轮试验工作段

2. 试验及数据测试

在设计工况下，对 S135 材质的转轮叶片试件进行磨损试验。试验前，先对转轮叶片试件进行标记，如图 5.4－19 所示。试验时间 52.5h 后，转轮长叶片磨损情况如图 5.4－20 所示，可以发现磨损明显。

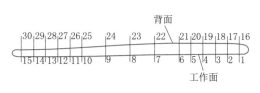

图 5.4－19　叶片试件标记及刻度线　　　　　图 5.4－20　转轮长叶片磨损情况

利用白光干涉轮廓仪测量转轮叶片试件刻度位置处磨损前后的表面轮廓，获得试件一测试位置磨损前后的表面形貌及深度，如图 5.4－21 所示。

提取磨损试验前后的表面轮廓数据，将基准值归到同一位置，两轮廓线之间的距离即表示磨损前后的表面深度差值（磨损量），如图 5.4－22 所示。

5.4.5　试验结果分析

1. 试件的磨损量分布

沿着活动导叶和固定导叶的 1/2 叶高处横截面的磨损量分布如图 5.4－23 所示，可以

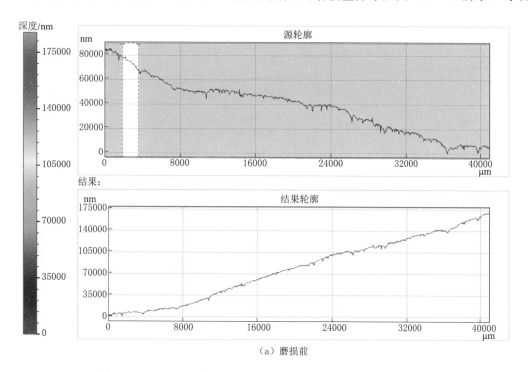

（a）磨损前

图 5.4－21（一）　转轮叶片测试位置磨损前后的表面形貌及深度

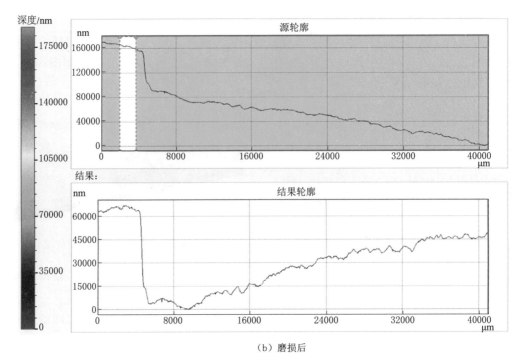

（b）磨损后

图 5.4-21（二） 转轮叶片测试位置磨损前后的表面形貌及深度

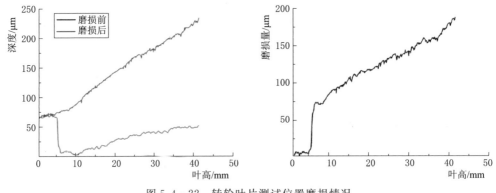

图 5.4-22 转轮叶片测试位置磨损情况

看出，活动导叶的磨损量普遍在 $20\mu m$ 以上，而固定导叶的磨损量都在 $1\mu m$ 以下。另外，活动导叶的正面磨损量大部分大于 $20\mu m$，而背面的磨损量基本在 $0\sim20\mu m$ 之间。

沿着转轮叶片的 1/2 叶高处横截面的磨损量分布如图 5.4-24 所示，可以看出叶片的磨损量普遍在 $50\mu m$ 以上。另外，转轮叶片的正面磨损量大部分大于 $25\mu m$，而背面的磨损量基本在 $10\sim80\mu m$ 之间，尤其是叶片尾部磨损量迅速增大。

2. 试件磨损量与绕流速度的关系

根据数值计算可以得到试件表面沙水的速度分布，结合试验测试得到的试件表面的磨损量，就可以获得沙水速度与磨损量的关系。

图 5.4-25 和图 5.4-26 分别为试验导叶和转轮叶片试件磨损率与绕流速度关系曲线。

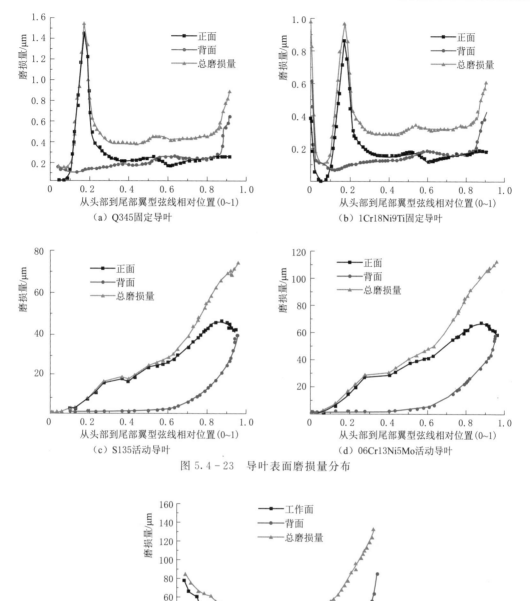

（a）Q345固定导叶

（b）1Cr18Ni9Ti固定导叶

（c）S135活动导叶

（d）06Cr13Ni5Mo活动导叶

图 5.4-23 导叶表面磨损量分布

图 5.4-24 S135 材质轮转叶片表面磨损量分布

3. 试件磨损率与绕流速度的关系

将磨损量除以试验时长，得到磨损率 $\dot{E}$（$\mu m/h$），将各测试位置的速度与磨损率在后处理软件中进行非线性拟合，可得到试件磨损率与沙水绕流速度的拟合曲线，试验导叶与转轮叶片试件的磨损率与绕流速度如图 5.4-27 和图 5.4-28 所示。

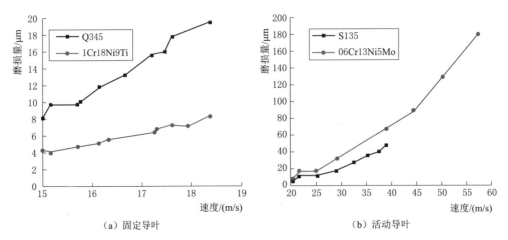

（a）固定导叶　　　　　　　　　　（b）活动导叶

图 5.4-25　导叶磨损量与绕流速度关系曲线

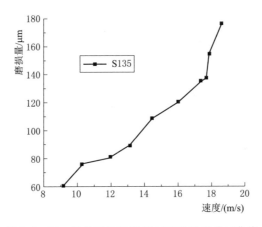

图 5.4-26　转轮叶片磨损量与绕流速度关系曲线

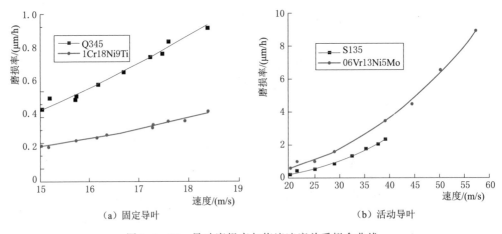

（a）固定导叶　　　　　　　　　　（b）活动导叶

图 5.4-27　导叶磨损率与绕流速度关系拟合曲线

4. 泥沙磨损率的拟合计算式及结果分析

有了特定泥沙特性条件下的特定试件材质的磨损率与绕流速度的关系，就可以拟合出泥沙磨损率的通用计算式。也就是说，对一给定含沙河流上的水轮机（河流含沙特性确定，水轮机机型确定，水轮机过流部件材质确定），做了绕流试验后，就可建立试验过流部件泥沙磨损率计算式，一般根据这个计算式，只要通过数值计算获得了过流部件表面的沙水速度分布，就可预估出过流部件各工况下的磨损率（磨损情况）。

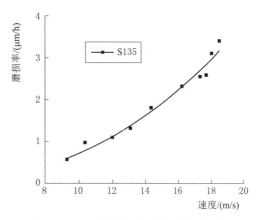

图 5.4 - 28 轮转叶片磨损率与绕流速度
关系拟合曲线

对于水轮机过流部件的泥沙磨损率，一般表达式为

$$\dot{E} = k_0 k_s k_m C_V^m W^n \tag{5.4-1}$$

式中：$\dot{E}$ 为磨损率（过流部件表面材质在单位时间内的磨损深度），$\mu m/h$；k_s 和 k_m 分别为泥沙颗粒特性和过流部件材质的特性系数；k_0 为泥沙颗粒冲击角度和过流部件表面局部浓度分布等其他影响系数；C_V 为水轮机进口泥沙浓度（含沙量），kg/m^3，指数 m 一般情况下为 1；W 为过流部件表面沙水或泥沙颗粒相对速度大小，m/s；n 为速度指数。

在本书中，由于泥沙浓度 $C_V = 9.52 kg/m^3$ 确定，泥沙和叶片材质特性也确定，因此在一定河流含沙量（浓度）的情况下，假设不考虑 k_0 的影响，式（5.4 - 1）的泥沙磨损率公式可简化为

$$\dot{E} = K W^n \tag{5.4-2}$$

表 5.4 - 4 给出了本试验机型的导叶和转轮叶片试件磨损率计算式及其系数。

表 5.4 - 4　　　　试验导叶和转轮叶片磨损率拟合计算式的系数

机型	部件名称	材　质	系数 K	速度指数 n	磨损率计算式
HLA542	固定导叶	Q345	3.04×10^{-4}	2.7	$\dot{E} = 3.04 \times 10^{-4} W^{2.7}$
	固定导叶	1Cr18Ni9Ti	2.13×10^{-4}	2.5	$\dot{E} = 2.13 \times 10^{-4} W^{2.5}$
	活动导叶	S135（0Cr13Ni5Mo）	5.62×10^{-5}	2.8	$\dot{E} = 5.62 \times 10^{-5} W^{2.8}$
	活动导叶	06Cr13Ni5Mo	1.14×10^{-4}	2.8	$\dot{E} = 1.14 \times 10^{-4} W^{2.8}$
HLA351	转轮叶片	S135（0Cr13Ni5Mo）	4.64×10^{-5}	2.8	$\dot{E} = 4.64 \times 10^{-5} W^{2.8}$

根据拟合出的磨损率公式，利用控制变量法，就可作出不同材质导叶磨损率与绕流速度的关系曲线，以及转轮叶片磨损率与绕流速度的关系曲线，如图 5.4 - 29 所示。

由图 5.4 - 29（a）可知，当导叶表面泥沙速度小于 15m/s 时，4 种材质的导叶磨损率曲线基本重合，说明此时无论试件选取何种材质，抗磨性差距不大；当导叶表面泥沙速度

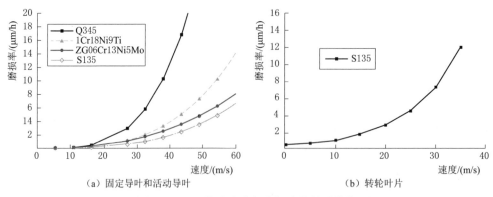

图 5.4-29　绕流速度与磨损率的关系曲线

大于 30m/s 时，材质的导叶磨损率曲线呈现较大差别，Q345 材质磨损率远大于其他 3 种材质，且随着流速增加，差距越来越大；06Cr13Ni5Mo 材质和 S135 材质磨损率曲线幅度基本一致，在相同流速下，磨损率差距也较小，说明两者在泥沙浓度一定时，抗磨性差别不大。将 4 种材质磨损率按照由低到高排序，依次是 S135、06Cr13Ni5Mo、1Cr18Ni9Ti、Q345，抗磨性能最好的是 S135，最差的是 Q345，且 Q345 与其他 3 种材质差距较大。由数值计算结果可知，固定导叶的泥沙速度普遍小于 15m/s，活动导叶的泥沙速度普遍大于 25m/s，背面部分区域高达 40m/s。而在小流速下，4 种材质磨损率差别不大，大流速下，材质磨损率差距较明显。因此固定导叶可采用耐磨性能不佳的 Q345 和 1Cr18Ni9Ti，活动导叶建议采用抗磨性能较好的 S135 或 06Cr13Ni5Mo。

由图 5.4-29（b）可知，在沙水绕流速度不大于 15m/s 的情况下，转轮叶片磨损率的变化随速度增加不明显，最大值在 2μm/h 左右，磨损率较小；当绕流速度大于 25m/s 时，叶片磨损率与绕流速度相关度较高，受绕流速度变化较明显，绕流速度的增加导致磨损率的幅值急剧增加，即速度越大叶片表面磨损越明显。由数值计算结果可知，转轮叶片的绕流速度普遍在 25m/s 左右，磨损率约为 6μm/h，在背面速度最大，最高在 40m/s 左右。磨损率约为 17μm/h，因此可判断泥沙磨损最严重的是转轮叶片背面。

实际上，一般河流泥沙，泥沙浓度的磨损指数 m 约为 1，因此所选河流河段上试验机型及其试验材质的水轮机导叶和转轮叶片试件含水轮机进口泥沙浓度的磨损率计算式可以写成

$$E = kC_V W^n \qquad (5.4-3)$$

根据式（5.4-2）和表 5.4-4，式（5.4-3）的计算式见表 5.4-5，利用表 5.4-5 中的计算式可预估所选河流河段上类似试验机型及其材质的水轮机关键过流部件的磨损率。

表 5.4-5　　　　　　　　　一些材质的水轮机关键过流部件磨损率计算式

材质	磨损率计算式	材质	磨损率计算式
Q345	$\dot{E} = 3.19 \times 10^{-5} C_V W^{2.7}$	06Cr13Ni5Mo	$\dot{E} = 1.2 \times 10^{-5} C_V W^{2.8}$
1Cr18Ni9Ti	$\dot{E} = 2.24 \times 10^{-5} C_V W^{2.5}$	S135（0Cr13Ni5Mo）	$\dot{E} = 2.01 \times 10^{-6} C_V W^{3.1}$
S135（0Cr13Ni5Mo）	$\dot{E} = 5.9 \times 10^{-6} C_V W^{2.8}$		

实际上，对于水轮机不同运行工况甚至同一运行工况，沙水或沙粒冲击水轮机过流部件表面各处的角度是不一样的，另外过流部件表面各处的局部泥沙浓度或泥沙体积分数分布也不一样，因此要准确预测水轮机过流部件的泥沙磨损情况，尤其是得到一个统一的磨损计算经验公式，必须考虑沙粒冲击角度和过流部件局部浓度分布的影响，因此可以对式（5.4-1）进行改进，改进后的表达式如下：

$$\dot{E} = k\phi_p W^n f(\alpha)$$
(5.4-4)

式中：$\dot{E}$ 为磨损率（过流部件表面材质在单位时间内的磨损深度），$\mu m/h$；k 为泥沙颗粒特性、过流部件材质特性以及其他影响的系数；ϕ_p 为过流部件表面泥沙体积分数（与水轮机进口泥沙浓度或含沙量 C_V、水轮机运行工况等有关）；W 为沙水或沙粒冲击过流部件表面的相对速度大小，m/s；n 为速度指数；$f(\alpha)$ 为沙粒冲角函数；α 为沙粒冲击过流部件表面的角度。

5.5 过流部件泥沙磨损的寿命预估

5.5.1 水轮机磨损预估公式

如果机组运行后，在不同的泥沙浓度又在不同的工况下运行，可以对磨损件不同位置的磨损深度 Δz 进行累计预估：

$$\Delta Z = \sum \dot{E}_i t_i$$
(5.5-1)

式中：$\dot{E}_i$ 为某一时段内的磨损率；t_i 为某一时段的运行时间。

对于本书中研究的电站，多年平均泥沙含量 $C_V = 6.2 kg/m^3$，多年最大泥沙含量 $C_V = 9.52 kg/m^3$。

依据 GB/T 29403—2012《反击式水轮机泥沙磨损技术导则》：在保证期内水轮机磨损量指标应符合普遍磨损的最大深度不宜超过 4mm。抗磨板的局部磨损不得超过 10mm或不得磨穿，其他部位的局部磨损的最大深度不宜超过 8mm。可以找到以上相应部件的最大磨损量的时间点之后，确定其时间作为相应过流部件的磨损寿命，再由电站确定机组检修时间。

由于试验选用的水轮机绕流活动导叶的沙水速度比固定导叶的沙水速度大得多，磨损严重的部位应该是活动导叶，尤其是高水头混流式水轮机在小流量工况的活动导叶绕流沙水速度更高。下面将对活动导叶小流量工况的磨损情况进行预估。

5.5.2 水轮机活动导叶磨损预估

根据式（5.5-1）就可预估出不同材质的活动导叶在某一泥沙浓度（含沙量）下连续磨损不同时间的磨损量。预估表明，HLA542 机型水轮机小流量工况下：

（1）在泥沙含量为 $9.52 kg/m^3$ 时，材质为 S135 的活动导叶连续磨损约 3315h 后，导叶表面最大磨损量就达到 8mm；材质为 06Cr13Ni5Mo 的活动导叶连续磨损约 2165h 后，导叶表面最大磨损量就达到 8mm。

（2）在泥沙含量为 6.2kg/m³ 时，材质为 S135 的活动导叶连续磨损约 4545h 后，导叶表面最大磨损量就达到 8mm；材质为 06Cr13Ni5Mo 的活动导叶连续磨损约 3590h 后，导叶表面最大磨损量就达到 8mm。

如果按本研究电站每年悬移质含沙分布情况，可预估出 HLA542 机型水轮机连续小流量工况下运行，每个自然年活动导叶的最大磨损量见表 5.5 - 1。

表 5.5 - 1　　　　　　　　水轮机小流量工况下活动导叶的年最大磨损量

项　　目	1 月	2 月	3 月	4 月	5 月	6 月	7 月	8 月	9 月	10 月	11 月	12 月	年最大磨损量
含沙量/(kg/m³)	0.11	0.16	1.67	6.52	6.32	7.74	9.52	8.32	3.44	0.63	0.12	0.10	
S135 材质 磨损量/mm	0.02	0.03	0.31	1.19	1.16	1.41	1.74	1.52	0.63	0.12	0.02	0.02	8.17
06Cr13Ni5Mo 材质磨损量/mm	0.03	0.04	0.47	1.82	1.77	2.16	2.66	2.32	0.96	0.18	0.03	0.03	12.47

从表 5.5 - 1 可知，S135 材质的活动导叶每年将磨损 8.17mm，06Cr13Ni5Mo 材质的活动导叶每年将磨损 12.47mm。依据 GB/T 29403—2012《反击式水轮机泥沙磨损技术导则》，导叶最大深度不宜超过 8mm，如果连续小流量工况下运行，材质为 S135 的活动导叶在实际电站可运行仅 1 年，而 06Cr13Ni5Mo 材质的活动导叶在实际电站仅可运行大半年。

5.5.3　水轮机转轮磨损预估

根据式（5.5 - 1）就可预估出转轮叶片在某一泥沙浓度（含沙量）下连续磨损不同时间的磨损量。预估表明，HLA351 机型设计流量工况下：

（1）在泥沙含量为 9.52kg/m³ 时，材质为 S135 的转轮叶片连续磨损约 4210h 后，叶片表面最大磨损量就达到 8mm。

（2）在泥沙含量为 6.2kg/m³ 时，材质为 S135 的转轮叶片连续磨损约 4795h 后，叶片表面最大磨损量就达到 8mm。

如果按本研究电站每年悬移质含沙分布情况，可预估出 HLA351 机型水轮机连续设计工况下运行，每个自然年转轮叶片的最大磨损量见表 5.5 - 2。

表 5.5 - 2　　　　　　　　水轮机设计工况下转轮叶片的年最大磨损量

项　　目	1 月	2 月	3 月	4 月	5 月	6 月	7 月	8 月	9 月	10 月	11 月	12 月	年最大磨损量
含沙量/(kg/m³)	0.11	0.16	1.67	6.52	6.32	7.74	9.52	8.32	3.44	0.63	0.12	0.10	
磨损量/mm	0.12	0.02	0.24	0.93	0.9	1.11	1.37	1.2	0.5	0.09	0.02	0.01	6.43

从表 5.5-2 可知，转轮叶片每年将磨损 6.43mm。依据 GB/T 29403—2012《反击式水轮机泥沙磨损技术导则》，叶片最大深度不宜超过 8mm，如果连续在设计工况下运行，HLA351 机型水轮机材质为 S135 的转轮叶片在实际电站可运行不到 10 个月。

第6章 水电站抗磨设计和运行措施

对于水电站泥沙磨损的研究工作，其最终目的在于提高水电站的耐磨损能力，改善在含沙河流中水电站的运行质量和延长其运行期限。

目前研究成果和实际电站运行经验的积累已提供了某些有成效的耐磨措施，采取这些措施可以在一定程度上减轻水电站泥沙磨损的危害，延长在多泥沙河流水电站设备的工作寿命和改善其抗磨性能，相关措施主要有以下四大类：

（1）提高水电站水工建筑物拦沙和排沙能力。

（2）提高水轮机抗磨性设计，其中包括合理选择水轮机机型参数；改进水轮机的水力、结构设计。

（3）提高水轮机部件制造质量，其中包括水轮机部件加工质量、耐磨材质的选择、喷涂工艺。

（4）合理安排水轮机的运行工况，改进水轮机的检修措施。

6.1　水工建筑拦沙和排沙措施

防止水轮机遭受沙粒磨损的最根本措施是拦截泥沙，不使其进入水轮机过流通道。虽然在实际工程中做到完全拦沙并不现实，但是通过水工建筑物消除水轮机工作水流中的大粒径沙粒和降低泥沙浓度，常常是可以做到的，也是一项有效的措施。

6.1.1　水库合理设计和运行

水电站常具有相当于沉沙池的水库，进库泥沙尤其是粗沙沉积在库区，而降低水轮机工作水流中的含沙量，可以有效地拦截粗沙进入水轮机流道。因此，有大型水库的水电站，在投产初期，即使进库沙量很大，由于大量粗沙沉积，进入水轮机的泥沙既细也很少，水轮机磨损轻微。但随着水库淤积，库容减少，沉沙效果下降，这时水轮机工作水流中的含沙量增大，粒径增大，导致水轮机磨损日益严重。

由于上游天然河道进入库区后，断面面积突然扩大，底坡变缓，流速下降，河流中挟带的泥沙（主要为推移质）沉淤于上游回水线末端，形成库首淤沙三角洲，称为库首淤积。在满足一定条件时，汛期洪水中所挟带的细粒泥沙与水流混合成浑水形式潜入库底（称为"异重流"）移向坝前，形成坝前的水下浑水区。如不能及时排到下游，则淤于坝前，称为异重流坝前淤积。

库首淤积造成的淤沙三角洲向坝前推移时，将有更多的粗沙进入水轮机流道。异重流坝前淤积将减小电站进水口与库底的距离，也可导致水轮机工作水流中的含沙量增加（异重流本身就有极大的含沙浓度），因此，必须注意水库防淤措施。

根据目前水库防淤措施的研究应用情况看来，除流域水土保持外，主要是异重流排沙方法。

我国多泥沙河流的特点是沙粒较细、沙峰集中，大多数水库在汛期都能形成入库的异重流。汛期异重流可能挟带 40％以上的泥沙入库。

排沙孔应沿天然河宽全线布置，单侧排沙效果较差。据官厅水库实测经验，布置在右岸的排水孔不能全部排出异重流，而造成左岸电站进水口下面库容的淤积。另外，异重流入库途径与库底河道位置和水库形状等许多因素有关，也可能沿一侧形成异重流。因此，须根据水库模型实验方法确定合理的排沙孔布置方式。

排沙孔排沙效率与其布置位置有关。根据实验结果

$$\frac{H}{h} \propto \frac{S_{in}}{S_{out}} \tag{6.1-1}$$

式中：H 为泄沙孔口到库底的距离；h 为孔口到水库水面的距离；S_{in} 为进库输沙率；S_{out} 为排出输沙率。

H/h 越小，排沙效率越高；H/h 越高，排沙效率越低。异重流中的泥沙将更多地淤积于库底，从而使库前河床坡度变缓。同时，异重流还易扩散，使水电站进水含沙量增加。此外，排沙孔布置在水电站进水口下方，对减轻水轮机沙粒磨损最为可靠和有利。

除了异重流排沙外，定期冲刷库底也是比较有效的方法。这种方法可以使水库水位极大下降，使得水库中水的流速超过泥沙颗粒的挟动流速，从而将淤沙三角洲和库底积沙挟带到坝前，由泄沙孔下泄。因而可以控制水库运行方式，进行排沙。

我国三门峡水库，每年汛期前降低水库水位，在汛期中利用底孔排沙，尽量保持坝前水位不升高。从而不仅使沙峰得以更有效地排出，而且在较大比降下，利用洪峰时的大流量冲刷了库底，取得了良好的排沙效果，基本上保持了水库年内冲淤平衡，也有效地减轻了水轮机沙粒磨损。

6.1.2 沉沙设备合理设计

多沙河流上的引水式水电站，常设有沉沙池，以求减少水轮机工作水流中的含沙量。这时，沉沙池必须有足够的沉降尺寸，而这往往带来很高的造价。沉沙池的容积可由下列经验公式计算：

$$V = K \frac{Qh}{W_{cr}} \tag{6.1-2}$$

其中

$$W_{cr} = \sqrt{\frac{4g(\rho_p - \rho_f)d_p}{3C_D\rho_f}}$$

式中：V 为沉沙池沉降粒径为 d_p 的沙粒所需的容积；K 为安全系数，$K = 1.5 \sim 2.0$；Q 为引水流量；h 为沉沙池水深；W_{cr} 为所要沉降最小粒径为 d_p 的沙粒的临界沉速；d_p 为所要沉降的沙粒粒径；ρ_p 为沙粒密度；ρ_f 为水的密度；C_D 为阻力系数；g 为重力加速度。

由式（6.1-2）可见，沙粒临界沉速与粒径、沙粒和水的密度以及阻力系数有关。所要沉降的沙粒尺寸越小，W_{cr} 越小。因而要求沉沙池有更大的容积。要沉降 d_p 为 0.1mm 的沙粒，其临界沉速 W_{cr} 约为 100mm/s。如果水轮机引用流量为 50m³/s 时，则按式（6.1-2）计算，沉沙面积应为 1 万 m² 以上，这将是相当昂贵的建筑。

沉沙池的造价常可达电站造价的1/3。特别是由沙粒特性对磨损的影响可知，原有的规范中关于"$b>0.25\text{mm}$的沙粒才是危险的"规定应该进行修改。因此，为了保证水轮机的正常工作，可能需沉降比0.25mm更小颗粒尺寸的沙粒。因此是否修建沉沙池应在详细的技术经济比较后决定，很可能是很不经济的。

如映秀湾电站设计中，考虑到沉沙池仅能排除总沙量的$18\%\sim20\%$，但耗资巨大，故通过提高水轮机本身的抗磨性，较好地解决了水轮机沙粒磨损问题，虽然未修建沉沙池，但是收到了显著的经济效果。

应当指出，在某些条件下，如对于沙粒较粗大的山区河流，修建沉沙池，从而对水轮机工作水流含沙量得以有效控制，还是经济和必要的。此外，多泥沙河流中水电站的技术供水系统，特别是采用水润滑导轴承时，必须保证清水水源，这时，修建沉沙池是必需的。

若修建了沉沙池，其合理运行问题也很重要，应定期冲洗池内的淤沙，冲沙孔或冲沙道最好布置在迎水面，汛期之前力求将沉沙池内的淤沙清洗掉，以免影响沉沙效果，或使池底淤沙第二次悬浮。

6.1.3 水电站取水口位置合理布置

水电站取水口位置布置原则是应避免异重流进入，为此，应将取水口布置在远离旧河道的另一端。

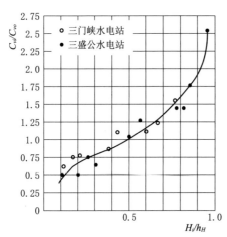

图 6.1-1 取水口与排沙孔位置与排沙效果的实验观测结果

H_i—孔口喇叭中心到应用水位的距离；

C_{Vi}—孔口 $d>0.05\text{mm}$ 的含沙量；

h_H—孔口进口底高程运用水位的距离；

C_{Vo}—出库 $d>0.05\text{mm}$ 的含沙量

水电站取水口与排沙孔的相对位置与进入水轮机的含沙量有密切关系，图 6.1-1 为模型实验观测结果。由实验观测结果可知，上孔深与下孔深的比值 H_i/h_H 越小，上孔口进水的含沙量与下孔口出库的含沙量之比 C_{Vi}/C_{Vo} 越小。因此，应力求水电站进水口与排沙底孔之间的距离较大，排沙孔位置尽量高，以使水电站进水中的含沙量降低。

除了合理地考虑水电站进水口与排沙孔位置高度的安排以外，还要充分注意取水口 H_i/h_H 在各种枢纽条件下的合理布置。

进水口应尽量布置在水流方向的侧面（尤其对引水式和明渠式等无大型水库的电站），进水口下面应布置有效的排沙孔，进水口高程至少应高于河床等原则是必须遵守的。同时也应考虑枢纽布置方式下的取水口型式。

水电站取水口布置方案一般应根据模型实验和具体情况分析来确定，以下几种布置方式各有特点。

（1）图 6.1-2 为苏格兰 Glen Shira 水电站取水口的布置图。其特点为进水井由通过拦污栅的水流侧面上部取水，而静水池又由进水井侧面取水。水流中的泥沙可以在进水井中第二次沉淀。

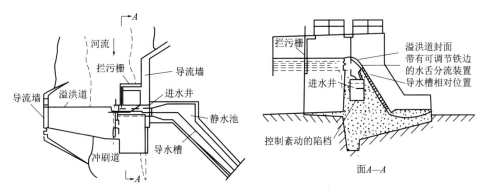

图 6.1-2　电站进水口布置图

（2）图 6.1-3 为 Jaeger 报告的取水布置方案。S_1 跨度闸门常不开启。由于速度水头的恢复，导水墙和取水区域的水位高于另外两个过水闸门 S_2 和 S_3 跨度区域的流动水位。因此，在底部形成强烈回流，防止了推移质泥沙进入水电站取水口。

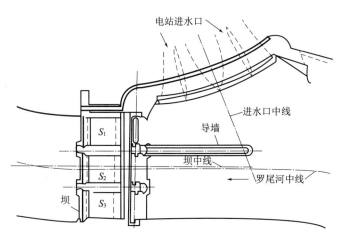

图 6.1-3　进水口布置图

（3）图 6.1-4 为山区河流上的一种水电站进水口布置方式。

（4）虹吸进水口布置。在我国的浙江、新疆、青海等地，有些小型水电站的前池进水口采用虹吸进水布置设计。该进水口设计方案，目前国内最大单机容量已达 2000kW，最大水头 65m。它的主要特点是水电站前池进水口为一虹吸管，其顶部装有真空破坏装置，当遇有事故需紧急停机时，只要破坏虹吸即可迅速断流。该设计方案可省去快速事故闸门或主阀，具有结构简单、节省投资、

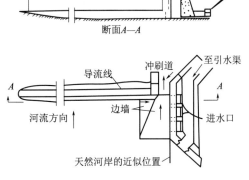

图 6.1-4　水电站进水口布置图

运行安全可靠、减少冰冻等优点，尤其是减少了泥沙对水轮机的危害。

水工模型试验和工程运行实践表明，虹吸流道形式大致可分为平顺形和 S 形两种两者对水头损失影响都不大；驼峰断面一般采用宽大于高的矩形断面；进口断面流速应符合过栅流速的要求，以 0.8～1.2m/s 为宜；进口淹没深度应大于进口高度的一半，以免出现漩涡，喉部断面处平均流速以 2～2.5m/s 为宜，以加强水流自动形成虹吸。

6.1.4　常用排沙装置

1. 泄洪冲沙隧洞

水电站的泄洪冲沙洞一般由导流隧洞改建而成，由进口引渠段、事故检修门段、有压洞段、出口工作门段、出口明渠段、出口消力池等组成，承担水库冲沙功能，在泄洪时应优先开启泄洪冲沙隧洞，以排泄河流泥沙。

2. 排沙涡管

排沙涡管也称螺旋排沙管，是利用涡管内产生的螺旋流排除渠道中来沙的一种装置，不仅可以排除河流里的推移质泥沙，也可以排除悬移质中的较粗泥沙。涡管排沙技术不仅可以用于灌溉及水电站引水渠道的泥沙处理，还可应用于城镇及工业用水的初步处理，具有较大的推广价值。

3. 排沙漏斗

排沙漏斗又被称为"漏斗式全沙排沙技术"，是一种高效节水节能的排沙技术，该技术是通过试验研究和工程应用而获得的一项既可排除推移质泥沙又可排除悬移质泥沙的全沙排沙技术，可用于灌溉、引水式电站等诸多领域中的泥沙处理。

排沙漏斗设施的主要经济技术指标为：①处理流量范围不限（实际应用的工程处理流量达 0.02～65m³/s）；②可处理粒径为 0.05mm 以上的各级泥沙，对粒径 0.5mm 以上的推移质泥沙可全部排除，对粒径 0.05mm 以上悬沙的排除率为 80％以上；③排沙耗水量平均仅占渠道引水量的 3％～10％；④漏斗入口前的水头大于 0.2m 即可，用于已建成的水电站可不降低原发电水头；⑤可以在渠道设计引水流量的变幅达 80％的范围内正常工作。该技术最突出的特点是：处理含沙水流的范围和排沙耗水率等重要经济技术指标，均远远优于目前国内外其他排沙设施，而且工程结构简单，造价低廉，运行管理方便，工作稳定可靠，易于推广。

新疆红山嘴水电站应用排沙漏斗解决了泥沙对水力机组的危害。该排沙工程推移质泥沙 100％排除，粒径大于 0.5mm 的悬移质泥沙 100％排除，总截沙率为 56.9％；平均耗水量 1.626m³/s，耗水率为 2.71％。渠道不再淤积，过水断面面积相应增加。由于过机沙量的减少，水力发电机组磨损减轻，机组运行效率提高，水量利用率提高，水轮机故障减少，发电量增加。

6.1.5　抗磨主动防御技术措施

为了减少水轮机的过机泥沙并从根本上解决水轮机磨损问题，应采取主动防御的技术路线，通过发挥上游水库对泥沙的调节能力，减少过机泥沙含量或减少粗颗粒泥沙经过水轮机，从而达到减轻水轮机过流部件磨损的目的。

1. 减少水库淤积的技术措施

（1）利用异重流排沙。异重流排沙是水库减淤的一种重要方法，当水库形成异重流后，开启底部泄洪孔排出浑水，保留上部清水，可以做到既排沙又蓄水。通过多个水库异重流排沙数据分析，通常一次异重流排沙比可达 40%～90%，多次异重流平均排沙比可达 30%～60%，排沙效果相当可观。

（2）定期泄空冲刷，恢复库容。水库泄空冲刷是降水冲刷的极端措施，依靠大流量、高流速的冲刷可以加快水库排沙速度，使淤积物集中排出库外，恢复库容。根据前期淤积情况和冲刷强度，水力冲刷的周期可以每年 1～2 次，每次冲刷的持续时间几天至十几天不等。

（3）采用机械设备进行清淤。机械清淤方法不外乎采用挖泥机、吸泥泵、吸泥船等机械设备，将已经淤积在库内的泥沙清运到库外。机械清淤一般成本较大，常见于小型水库使用。

（4）人工措施和水力措施相结合。前期借助于机械设备，在库内开挖河槽、疏浚等，后期则借助水力冲刷，能起到事半功倍的效果。

2. 减少过机泥沙的措施

（1）当来水量比较大时，利用底孔和排沙洞分流排沙，导引底层运动的粗颗粒泥沙。

（2）调整水库淤积形态，利用坝前漏斗区沉沙。降低库水位运用或泄空冲刷在坝前形成的漏斗区，河底坡度相对平缓，水库在高水位运用时必然形成壅水，流速减缓，上游来水挟带的相对粗颗粒泥沙在此区间落淤暂存，根据漏斗区淤积情况，选择合适的时机降低库水位运用或泄空排沙出库。保持坝前适当范围的冲刷漏斗区，对减少过机含沙量和粗泥沙过机，减少水轮机磨损有极其重要的作用。

（3）适时调度，避沙运行。汛期受库区支流降雨来水影响，来沙增多，当过机含沙量比较高时，水库就需要强化适时调度，使水电站机组避沙运行。

对水轮机抗磨而言，过机含沙量的大小是一个非常重要的参数，实时监测过机含沙量可用于研究坝前含沙量垂向分布、过机含沙量变化、悬沙级配与入库水沙、淤积形态、水库调度等因子之间的响应关系，便于沙峰的提前预报，并结合实时监控，适时避沙峰运行，达到减缓水轮机过流部件磨损的目的。

三门峡水电站利用水库有效库容对泥沙进行调节，优化水库和机组调度，对泥沙的防治上移到水库库区。运行实践证明，通过水库的调节作用，有效减少了过机含沙量，减轻了水轮机磨损。主动防御措施不仅能够减轻机组磨损破坏，还可以减轻粗颗粒泥沙对抗磨涂层的冲刷，延长了水力发电机组的检修周期，取得了良好的经济效益。

6.2 水轮机选型设计

水轮机选型设计是一个综合技术经济比较问题，需要全面综合考虑各种因素，最终选定最优方案。对于多泥沙河流上的水轮机，提高其抗泥沙磨损性能将是最主要的和需要优先考虑的问题。

从改善和减轻水轮机沙粒磨损危害方面考虑，在水轮机选择中，必须注意下列问题：合理选择水轮机的型式、比转速及其他参数。

6.2.1 型式选择

在一定水头和容量下，常可考虑两种不同型系的水轮机方案。水头在 100～500m 范围内，冲击式水轮机和混流式水轮机均可供选用；而水头在 40～80m 范围内，可以选择混流式水轮机，也可选用轴流式水轮机。这时，应以各型系水轮机的沙粒磨损条件作为确定方案的主要考虑因素。

1. 冲击式水轮机与混流式水轮机

目前混流式水轮机有应用于更高水头范围的趋势。在高水头下，任何一种水轮机过流部件内的流速均相当高。因此，无论是冲击式水轮机还是混流式水轮机，均可预期有严重的沙粒磨损。

冲击式水轮机被磨损的关键部件是喷嘴和针阀，它们承受在全部水头作用下的高速含沙水流的磨损，特别在针阀小开度下，将遭到较为严重的磨损，而导水机构部件相对来说磨损最严重。在相同水头下，混流式导水机构处的流速一般比冲击式水轮机喷嘴处的流速要低，这可能使其磨损程度较轻。但从磨损程度上难以严格区分两种型式水轮机抗磨性的优劣，因为，在高水头下它们的磨损程度都很严重。

但是，同样的磨损程度，对两种水轮机工作质量的影响则不同。冲击式水轮机喷嘴针阀的少许磨损，都会导致水轮机效率显著下降。这是由于喷嘴针阀表面磨损粗糙后，引起喷射水流的很大扰动，导致射流分散。散射的水量随喷嘴流道表面糙度增加而迅速增大，射流的散射减小了转轮名义直径与射流直径的比值 D_1/d_0，从而导致转轮效率下降。实际运行资料表明，斗叶式水轮机针阀磨损 0.5～1.0mm，就可使水轮机效率下降 9% 左右。

此外，喷嘴和针阀磨损后，其过流表面已不再光滑，还将加大水流通过时的摩擦损失，并使喷嘴部件处于更不利的空化条件之下。

实际运行经验也表明，冲击式水轮机在多泥沙河流中工作时，总是会遭到很严重的磨损。许多电站即使有沉沙池，转轮、喷嘴和针阀采用抗磨合金钢制造，仍然磨损严重，每年都要大修。

相对来说，混流式水轮机磨损最重的导水机构部件，即使严重磨损后，也不会对水轮机效率产生很大影响。混流式水轮机决定效率的主要部件是迷宫环和转轮，也是磨损较轻的部件。水头越高，越是如此。此时，均匀而平缓的转轮磨损不致使转轮效率有显著下降。电站实际运行也表明，水轮机比转速越低，相对于导叶的磨损程度，水轮机转轮磨损越轻微。

在同一高水头下，冲击式水轮机的喷嘴、针阀的磨损最为严重，而且其少许磨损即可导致水轮机效率较大的下降，效率下降所引起的电能损失大。而混流式水轮机，导水机构虽也有严重磨损，但转轮磨损轻微，故因磨损引起的效率下降较小，混流式水轮机比冲击式水轮机有更长的工作期限和较小的电能损失。因此，从上述分析来看，选择混流式水轮机较为有利。

同时也应考虑到，冲击式水轮机检修时间短，拆卸整个冲击式转轮和喷嘴一般仅需要 36h。这就有可能利用低负荷期，拆修机组和更换备件。混流式水轮机的拆装和检修时间一般较长，这也是需要在选择方案时考虑的问题。

当然上面仅讨论了从减轻和改善电站沙粒磨损条件方面考虑，选择水轮机的某些问题。最终方案的确定还需要考虑其他方面的因素，通过综合比较，选定经济技术最优方案。

2. 混流式水轮机与转叶式水轮机

当水头在 20~80m 范围时，混流式水轮机与轴流式水轮机均可供选择。而转叶式水轮机有用于较高水头的趋势。

各型水轮机磨损流速参数的结果表明，在同一比转速下，转叶式水轮机转轮区域进出口相对流速 W_1 和 W_2 远高于混流式水轮机。随比转速升高，由混流式过渡向转叶式时，W_2 曲线呈现突然升高的跳跃。相同比转速的 PO300 和 Пл948 两种水轮机的转轮出口相对流速相差达 8.2m/s，即转叶式水轮机出口速度为混流式水轮机机的 1.4 倍左右。因此，转叶式水轮机的磨损条件要比混流式水轮机严重得多。

转叶式水轮机转轮遭受泥沙磨损后，被磨损的表面将加速叶片的空蚀破坏。同时由于叶片剖面形状的变化，将使水轮机效率大为下降。应当注意，轴流式水轮机空化系数较高。同时，叶片外缘缝隙处易遭强烈磨损而导致容积效率大为下降。转叶式水轮机的导叶区域平均速度 V_{bu} 比混流式水轮机低，因此，导水机构磨损较轻。但导水机构部件的磨损并不引起效率的明显下降和检修周期的缩短。

当水轮机可望常在最优工况下运行而工作水流中有大量泥沙时，若选择转叶式水轮机，其转轮叶片的磨损和空蚀破坏将很剧烈，而导致工作效率显著下降和检修周期的缩短。相对来说，选择混流式水轮机有利一些。

混流式水轮机在变负荷工作时，叶片的局部扰流磨损条件恶化。特别在大负荷下，转轮出水边相对流速有较大的升高，因此，变工况下工作的混流式水轮机磨损条件是恶劣的。而转叶式水轮机工作条件较好，几乎无变化。因此，选择转桨式水轮机也有有利之处。

此外，转叶式水轮机的检修条件要优于混流式水轮机。转叶式水轮机可以不拆机组，而从尾水管边壁处取出叶片，但混流式水轮机的通常结构则要求整个机组拆卸后才能取出转轮。同时，混流式转轮叶片间流道狭窄，不易进行叶片磨损部件的修补工作。总之，被磨损的混流式水轮机的检修工作比转叶式水轮机复杂一些。总的看来，从主要方面考虑（转轮的磨损程度和机组效率与检修周期下降），当水头高于 40~60m，而沙粒磨损条件恶劣时，选择转叶式水轮机较为不利。当然，定桨式水轮机几乎不能考虑采用。

6.2.2　比转速选择

不同比转速水轮机流道内的平均流速不同，其数值取决于水轮机转轮的几何参数。一般情况下，随比转速降低，转轮区域相对流速下降，而导水机构流速增加。

由于水轮机部件的磨损程度与其含沙水流流速的三次方左右成正比，水轮机转轮的比转速对转轮的磨损程度将有重要影响。如有比转速为 200 和 160 的两台转轮可供选用，若采用 $n_s=200$ 的转轮，其转轮出口流速系数为 0.8；选择 $n_s=160$ 的转轮，其相应流速系数为 0.7，则两种转轮的磨损强度的比值为 $(0.8/0.7)^3=1.5$，即选择较低比转速转轮时，其磨损量将减少 1/3 左右。

一般来看，对于预计在严重的沙粒磨损条件下工作的水轮机，可考虑选择较低比速的转轮，以求获得流道中的低速度，减轻水轮机的磨损。当然，选择低比转速水轮机将导致电站和机组的造价有所提高，这需要进行技术经济比较确定。

在映秀湾水电站设计中，预计该水轮机将遭到严重沙粒磨损，为提高水轮机在沙粒磨损下的工作能力，而选择了较低比转速的 HL002 转轮（$n_s=200$），放弃了具有较高能量指标的 HL702 转轮（$n_s=220$）。计算表明，较高比转速的 HL702 转轮最大相对流速约比 HL002 转轮大 15%～20%。因而，在相同材料和磨损条件下，预计 HL702 转轮的磨损和空蚀（HL702 转轮空蚀性能低于 HL002 转轮）要比 HL002 严重 1 倍左右，而大修周期可能缩短到 1～2 年。磨损导致效率下降，同时，检修工作量及检修费用增加，检修期间损失增加。因此，虽然因 HL702 比转速较高，机组尺寸较小，与 HL002 转轮相比，其机组的土建投资低，但最后仍然选择了低比转速的 HL002 转轮方案。水电站投产后的运行经验表明，水轮机运行情况良好，证明了选择这一低比转速的水轮机方案是合理的。

也有学者认为降低比转速后，转轮内流速不一定降低，而机组投资肯定增加，用这种方法改善水轮机的耐磨性是不合理的。但实际上，如果综合考虑水轮机在不同比转速下的磨损特点时，这一分歧可以得到合理的解决。可以引用表 6.2-1 和表 6.2-2 给出的不同比转速水轮机特征流速的比较数据来加以说明。

表 6.2-1　　　　　　　　不同比转速水轮机特征流速的比较

比转速 n_s	水轮机型号	导叶区域平均流速 V_{ba}/(m/s)	转轮进口相对流速 W_1/(m/s)	转轮出口相对流速 W_2/(m/s)	$\overline{D}_1$	$\overline{n}$	迷宫环进口压力 H_a/m
270	PO123	13.0	12.0	22.1	1.0	1.0	23.2
315	PO300	10.7	13.3	26.6	0.93	1.2	26.4
235	PO211	14.7	18.4	24.9	1.06	0.89	22.0
195	PO82	17.3	9.5	19.0	1.29	0.72	22.0

注　$\overline{D}_1$ 和 $\overline{n}$ 为相对于 PO123 转轮的相对直径和相对转速。

表 6.2-2　　　　　　　　不同比转速水轮机特征流速的比较

比转速 n_s	水轮机型号	导叶区域平均流速 V_{ba}/(m/s)	转轮进口相对流速 W_1/(m/s)	转轮出口相对流速 W_2/(m/s)	$\overline{D}_1$	$\overline{n}$	迷宫环进口压力 H_a/m
85	PO246	35.9	8.4	27.2	1.36	0.72	84
95	PO533	35.0	8.4	35.4	1.22	0.82	85.5
115	PO15	34.6	12.7	29.1	1.0	1.0	83
185	PO638	29.6	13.9	37.9	0.7	1.59	89.5

注　$\overline{D}_1$ 和 $\overline{n}$ 为相对于 PO15 转轮的相对直径和相对转速。

对于 160m 水头条件，可以比较 PO638 和 PO15 两种转轮。当选择较低比转速 PO15 转轮时，由表 6.2-2 数据可知，转轮出口流速将降低 8.8m/s（24%），使转轮磨损下降，但导叶处流速 V_{ba} 却增加了 17%，导叶部件磨损增加。因为低比转速水轮机磨损最严重部件为导叶部件，转轮磨损本来就比较轻微。因此，说明 PO15 转轮直径增加，转速降低和电机尺寸加大并不有利。

对于 40m 水头条件，如果选择低比转速（n_s 为 195）的转轮 PO82，则与高比转速（n_s 为 315）的 PO300 转轮相比较，其优点是明显的。由表 6.2-1 可知，转轮速度 W_2 可降低 29%，转轮磨损减轻。因高比转速水轮机转轮磨损最严重（可以比较，PO300 转轮 $W_2 = -26.6 \text{m/s}$，而导叶处流速 V_{bu} 仅为 10.7m/s）。W_2 的降低将十分有意义。虽然这时 V_{bu} 增加约 60%，但绝对流速不高，仅为 17.3m/s。而高比转速水轮机导叶磨损比较轻微。这样，虽然 PO82 方案机组投资有所增加，但从保证在含沙水流中工作的水轮机磨损条件的改善方面考虑，选择较低比转速的水轮机 PO82 转轮无疑是有利的。若选择 n_s 为 315 的 PO300 转轮，则其转轮出口部分磨损程度将更严重，而迷宫环进口压力 H_a 增大，迷宫环磨损也将严重些。虽然导叶磨损可减轻，但它并不控制高比转速水轮机的检修周期和工作效率。

应当指出，随 n_s 下降，需对具体方案计算 W_2 下降的数值。有时 n_s 降低，转轮流速还可能提高，如 n_s 为 95 的 PO533 转轮的 W_2 值大于 n_s 为 115 的 PO15 转轮，这取决于转轮的几何参数和流动条件。

对于转轮磨损最严重的高比转速范围混流式水轮机，选择较低比转速转轮，可以使转轮磨损减轻。因此从改善机组磨损条件来看，这是有利的。对于转轮磨损较轻的低比转速范围水轮机，选择较低比转速转轮，似乎并无必要。因为，要考虑到其导叶是磨损最严重的部位。最终方案的确定取决于磨损减轻程度的计算、空化条件、能量指标和投资等一系列因素的综合比较。

6.2.3 其他参数选择

多泥沙河流水轮机选型设计时，除了合理选择水轮机的型号和比转速参数外，还应注意下面这几方面参数的确定。

1. 水轮机直径

当所设计的电站在电力系统中占有重要位置时，为了保证电站能够在更大的水头变动范围内，即使水轮机因磨损而效率下降时，也可以保持额定出力。可以选择较大转轮直径，从而使计算水头有所下降，计算水头下降将使机组在更大的水头范围内保证水轮机出力的储备。

（1）水轮机过流表面的磨损与流速的 3 次方左右成正比。若流速增加 10%，则磨损就会增加约 33%，因此，加大转轮直径就减小了转轮出口的相对流速。

（2）根据水库的运行方式，汛期在低水位运行，大量挟沙水流将通过水轮机排至下游。此时水头低，单位转速高，转轮叶片出流偏离法向出口，极易造成转轮叶片磨损。适当加大转轮直径，降低转速后，在汛期低水头运行时，单位转速可降低，更靠近最优工况区，有利于减轻转轮叶片的磨损。

（3）水轮机的内流场特性方面，在大流量区、高单位转速区域，容易产生运行不稳定，压力脉动和空化加剧。而电站运行又往往希望汛期加大流量以多发电，此时水轮机运行条件相当恶劣。空蚀与磨损联合作用，加剧了水轮机的磨蚀破坏，适当加大转轮直径，降低转速可改善这一状况。

（4）当水轮机因泥沙磨损导致效率降低时，仍能用加大流量的方法提高出力，提高电站的出力保证率。

（5）选取大直径转轮时，水轮机转轮过水部分厚度相应增加，而转轮中相对流速也将下降，从而在一定程度上减轻转轮的相对磨损和绝对磨损量。

2. 吸出高度 H_s 值

水轮机的空化条件对水轮机沙粒磨损程度有较为重要的影响，实际运行经验表明，转轮叶片出口边的磨损折断，形成缺口，一般均为空蚀与沙粒磨损联合作用的结果。因而，在多沙河流中工作的水轮机的安装高程值应确定得更低一些，以保证更好的无空化条件。

应当指出，模型水轮机空化实验所确定的临界空化系数 σ_c，仅对应于水轮机效率明显降低的实验工况，并不反映初生空化的影响。实际上，初始阶段空化空穴的形成和不稳定形态就已经可以加剧沙粒对流道的磨损，因为初生空化的产生总会引起水流的扰动。也就是说，水轮机空化参数的确定并未考虑它对沙粒磨损的影响。研究表明，含沙水中的空化空穴较清水中提前发生。选择合理的安装高程，要确保足够的空化安全余量，电站装置空化系数与初生空化系数的比值 K_1 通常应大于 1.4 倍，使电站在任何可能的运行工况下都不发生空化现象，避免空蚀与泥沙磨损的联合作用。

因此，为了保证沙粒磨损不因空化而加剧，通过综合的经济技术比较，选择较低的水轮机安装高程和吸出高度是可以考虑的。

在沙水条件下，空化往往提前发生，而且空蚀与磨损的联合作用又将进一步加重水轮机的破坏程度。一般而言，安装高程适当降低较为有利于降低磨蚀，但因汛期下游水位高，机组装得过低对防范水锤造成的转桨式机组"抬机"非常不利，所以应综合计算额定工况、汛期运行工况和非汛期运行工况，进行技术经济指标综合比较，合理选择水轮机吸出高度。

黄河流域的大峡水电站，在水轮机设计的过程中，考虑到黄河流域泥沙含量大，就选择了较大的空化余量系数。在该电站选择该系数的过程中，有专家曾建议，电站装置空化系数与初生空化系数的比值取为 $K=1.4$，由此确定的吸出高度应为 $H_s=-6.6\text{m}$，根据水库运行实际特性，电站装机 4 台，在运行调度上有很大的灵活性，水轮机在一台机流量以额定出力运行出现的频率极低，大部分时间运行在汛期和非汛期加权平均水头附近，按照额定工况时沙水电站空化余量系数比值最小值 $K=1.3$ 取值，在汛期加权平均水头工况则为 $K=1.51$，有较大余量；在非汛期加权平均水头工况（水质较清）则为 $K=1.36$，也有较大余量，由此确定的吸出高度仅为 $H_s=-5.5\text{m}$。所以经综合经济技术方案比较后，最终选定吸出高度为 $H_s=-5.5\text{m}$，据此确定机组安装高程，既留有一定的余量，保证水轮机能有效地抗空蚀、抗磨损并长期高效运行，又减少电站投资。

空化系数的比值 K 的确定，不同的电站之间存在较大的差别。如新疆伊犁库什塔依水电站为引水式水电站，该水电站总装机容量为 100MW，装设 2 台单机容量 35MW 和 2 台单机容量 15MW 的水轮发电机组，保证出力 9.9MW，多年平均年发电量为 3.45 亿 kW·h，装机年利用小时数 3500h。水电站由拦河坝、表孔溢洪洞、导流兼泄洪洞、发电引水洞、厂房等建筑物组成。库什塔依水电站的泥沙条件为：多年平均含沙量 1.098kg/m³；由于新疆地质方面的原因，泥沙中含有较多的石英成分，因此在选取水电站装置空化系数时应比清水条件为高。综合考虑多种因素，确定了该水电站空化系数的比值 K 大于 1.7。

3. 机组台数

由于水轮机在超负荷或低负荷下运转时总是要恶化沙粒磨损条件，因此，在电站一定的总装机容量下，从改善沙粒磨损角度考虑，应选取较多的机组台数，以保证电站负荷变动时，各台水轮机不过分偏离其设计工况。

另外，最终确定电站机组台数还要根据电站枢纽布置、机组制造水平、运输条件、机组的运行方式及单台机组在电网中所占系统容量的比重等诸多因素。如新疆一水电站的电站参数为：水头范围 H 为 $250 \sim 281 \mathrm{m}$，加权平均水头 $H_{av} = 262.32 \mathrm{m}$，额定水头 $H_r = 250 \mathrm{m}$，总装机容量 $N = 248 \mathrm{MW}$。在初步设计阶段，鉴于该电站所在河流泥沙含量大，泥沙里的石英石成分比例高，且该河流上已建电站的水轮机过流部件存在磨蚀严重的实际情况，因此在该电站初步设计阶段，水轮机选用了空化性能优秀、稳定性高的转轮；为了降低泥沙对水轮机过流部件的磨损，水轮机的参数选择不追求过高的能量指标，采用了大一些尺寸的水轮机以降低水轮机过流部件中的水流速度，降低了水轮机额定转速，以达到减小泥沙对水轮机过流部件的磨损；在设计中选择了适当的安装高程，确保足够的空化安全余量，确保电站装置空化系数与初生空化系数的比值 K 大于 1.4 倍，使电站在任何可能的运行工况下都不发生空化现象，避免空蚀与泥沙磨损的联合作用。表 6.2 - 3 中的方案二是技术经济指标比较中的最优方案。

表 6.2 - 3 水电站初步设计机组选型方案

水轮机型号	HLA351 - LJ - 320 （方案一）	HLA351 - LJ - 300 （方案二）	HLA351 - LJ - 250 （方案三）
转轮直径 D_1/m	3.2	3.0	2.5
额定流量 $Q_r/(\mathrm{m^3/s})$	38.0	28.2	22.6
额定转速 $n/(\mathrm{r/min})$	300	333.3	375
额定点效率 $\eta_r/\%$	91.0	91.9	91.8
吸出高度 H_s/m	-5.6	-6.1	-6.5

6.3 水轮机水力设计

在考虑沙粒磨损条件时，水轮机的选择问题、所供选择的水轮机模型都是根据清水条件设计的，但是，对于在含沙水流中工作的水轮机，因其工作水流中含有一定量的泥沙而形成沙水。显然，沙水的流动条件与清水的流动条件有本质的差别，或相对于清水条件，转轮中的流速和压力场因沙粒的存在而发生某种"畸变"。根据这种沙水流场现象，可以把清水"单相流"作为参照量，把泥沙作为动边界条件，水轮机依沙水两相流的流动规律进行设计，作如下假设：

（1）水轮机只能转换流体的能量，不能转换沙粒的能量，沙粒能量是由水流间接转换的；

（2）泥沙在流场均匀分布，是水流运动不连续的边界条件，使水流速度场和压力场发生畸变，并传递能量。

（3）水流运动状况是水流各种物性和外界条件的函数，决定函数结构形式是物性的相互作用，函数的求解需要有确定的边界条件和起始条件。沙粒作为动边界条件的处理方式，使水轮机的一些设计原理和设计方法仍然适用，只是随着沙粒的运动，水流的过流通道和速度场发生某种畸变。

因此，依照沙水流动规律进行水轮机转轮的水力设计，应当是改善在多泥沙河流中工作的水轮机抗磨性能的根本途径之一。

6.3.1　泥沙对流动的改变

沙水中，沙粒可以具有相对于水流的相对速度。沙粒粒径越大，沙水流动条件所允许存在的相对速度越高。当存在沙粒的相对速度时，就水轮机流道某断面而言，沙粒的存在相当于改变了流道的过流断面面积，这可用下列极端情况来加以说明。如果沙粒的相对速度值等于水流流速，而方向相反，则对某一过流断面而言，这种情况相当于沙粒体积占据了过流断面的一部分空间，过流断面将相当于减少了一部分面积，其值等于沙粒在流速垂直方向上的投影面积。若沙粒细小到处于完全随流状态，其相对速度为 0，那么这部分面积等于 0。对某一实际沙粒相对速度，这部分面积介于两者之间。这种因沙粒存在而导致的过流断面减少的情况，称为流道断面的"相对阻塞"。同理，当沙粒相对速度方向与水流速度一致时，产生流道断面的相对扩大，称为"相对抽吸"。

相对阻塞和相对抽吸的效果取决于沙粒相对速度、沙粒粒径和含沙浓度（或含沙量）等因素。此相对的断面积变化值为

$$\Delta A_i = \frac{\pi}{4} d_1^2 (1-s) \tag{6.3-1}$$

式中：ΔA_i 为流道断面积的相对变化；d_1 为沙粒的当量粒径，其值取决于沙粒粒径、比重和含沙浓度；s 为某一间断函数，其值取决于含沙浓度和沙粒相对流速；对于清水，$s=1$；对于全沙粒，$s=0$；对于一定含沙浓度和相对速度，s 介于 0 和 1 之间。

水轮机压力钢管内，沙粒因有较大的比重，而获得较高的速度。其值取决于水流的相对速度，方向与水流速度方向一致，而超前运动。从而形成相对抽吸效果，其结果将使过流量增大。在水轮机转轮流道中，则情况比较复杂。

对于按清水条件设计的水轮机转轮，若在沙水中工作时，由于存在上述因沙粒的相对速度所引起的有效过流断面积的变化，对于一定流量，断面流速将发生改变，而压力也随之变化。

对于混流式水轮机，在转轮进口区域，由于流体的加速，具有较大惯性的固体沙粒将滞后于水流，产生一负方向的相对速度，从而造成进口断面的相对阻塞。对于一定流量，将使转轮进口绝对速度增加，导致进口相对速度方向的改变。在这种情况下将造成转轮进口区的脱流和撞击。

在转轮出口处区域，由于流道转入轴向，泥沙颗粒在较大的重力作用下，将逐渐领先于水流，从而造成出口断面的相对抽吸，使有效过流断面扩大。在这种情况下，相对于一定流量，出口绝对速度下降，增加了出口的正环量。

这样，由于沙粒的存在，使得按清水设计的水轮机转轮，将不能保持无撞击进口和法向出口。在进出口处产生局部水流扰动，从而恶化沙粒磨损条件。

转轮进出口区域的相对阻塞和相对抽吸效果，使转轮流道有效断面发生变化的情况如

图 6.3-1 所示。由图 6.3-1 可以看出，当水流中存在沙粒时，水轮机流道将不能很好地保持转轮流道逐渐加速的原设计意图。这不仅使转轮效率降低，而且，对于这种进口流速加大（相对阻塞）和出口流速减少（相对抽吸）的转轮流道，显然将有较劣的空化性能。

图 6.3-2 为水轮机含沙水流与清水条件下叶型压力分布的比较。由于水中含沙，进口流速增大，最低压力点的位置 M' 和压力分布曲线发生改变。最低压力 P'_{mm} 将较清水条件下的值 P_{min} 显著降低，从而促进了空化的发生，将更易产生空蚀与泥沙磨损的联合作用，从而加剧转轮的磨损。

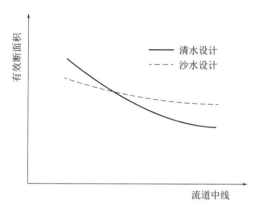

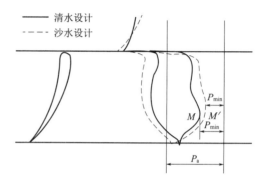

图 6.3-1 转轮流道有效断面积的变化情况　　6.3-2 水轮机含沙水流与清水条件下叶型压力分布比较

6.3.2 转轮抗磨水力设计

为了消除前述因流道有效断面积的变化而引起的局部扰流和不良的空化条件，在沙水中工作的水轮机转轮的水力设计参数应加以改变，如图 6.3-3 所示。转轮叶片进口应有一个附加扭曲，以与进口相对流速方向的变化相适应，而转轮叶片出口边应较清水条件下略为平直一些。这样，转轮进口断面面积应增大，出口断面面积应缩小，以补偿进口阻塞与出口抽吸的效果。

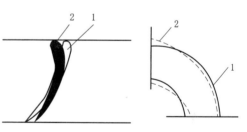

图 6.3-3 水轮机转轮水力设计的特点
1—清水设计；2—沙水设计

6.4 水轮机结构设计

为了改善水轮机过流部件的泥沙磨损条件，在其结构设计方面，应使过水流道尽量符合水流平顺条件，避免流道突然转弯、扩大或缩小，使流速分布均匀。

过流通道内平均流速对泥沙磨损程度有重要影响，但过流部件某部位的磨损量一般由该处的局部水流流速决定。局部脱流、扰流和漩涡常使局部沙粒磨损加剧。因此，合理的部件结构设计是改善水轮机抗磨性的十分重要的措施之一。此外，由于遭到泥沙磨损的水轮机，其检修次数较为频繁，因而在结构设计时，应考虑检修拆装机组工作的方便。

6.4.1　轴流式转轮和转轮室

转轮是轴流式水轮机中磨损最严重的部件。同时，轴流式转轮的泥沙磨损与空蚀条件关系密切，其空化系数较高，转轮空化现象比较严重，在泥沙磨损与空蚀联合作用下，转轮将遭到最严重的损坏。因此，结构上的抗磨损与抗空蚀措施常是共同的。

转轮叶片出水边外缘是磨蚀损坏最重的部位，叶片外缘与转轮室之间的缝隙区域部件的磨损程度，决定了整个水轮机的检修周期，而缝隙区的磨损流动条件纯属结构因素所致。因此，必须从结构方面考虑改善措施。

对水轮机叶片端部与转轮室之间缝隙中的流动状态和压力分布的试验结果表明，当含沙水流通过狭窄的平面缝隙时，缝隙的形状，特别是进口和出口部分的边缘形状对缝隙区域的压力分布有很重要的影响，也就是说，对缝隙扰流流态和空化形成的可能性有重要影响。

如图 6.4-1 所示，几种缝隙形状的研究结果表明，图中同时绘有压力分布曲线。图 6.4-1 (a) 中Ⅱ型缝隙断面形状不良，在缝隙进口处，因水流突然收缩，压力急剧下降，引起进口部分的强烈扰动和空蚀破坏。1 和 3 为磨损破坏部位，在缝隙出口处，因水流突然扩散，引起脱流漩涡 2，因出口漩涡并未远离，直接作用于叶片出口边壁，因而也造成出口端部边壁的沙粒磨损破坏。

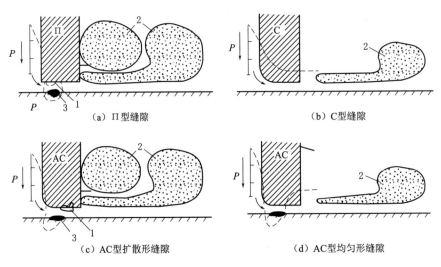

图 6.4-1　轴流式水轮机叶片端缝形状和压力分布

1—上缝隙边壁损坏部位；2—含沙水流漩涡；3—下缝隙边壁损坏部位；P—压力降

C 型缝隙开头有最好的流态和缝隙压力分布，如图 6.4-1 (b) 所示。因缝隙进口有较大半径的圆弧，水流的突然收缩而引起的压力急剧下降得以避免，而平直的出口缝隙可使出口脱流漩涡在距叶片边壁较远处形成，避免了叶片出口边壁的局部漩涡磨损。因此，这种形状的缝隙是最好的，缝隙区零件的空蚀与沙粒磨损大为减轻。

AC 型缝隙也有很大的压力降 P。进口部分也会同样产生沙水混合液的脱流漩涡磨损和空蚀损坏。当缝隙流道为扩散形时，如图 6.4-1 (c) 所示，出口的漩涡同样作用于缝隙端部边壁，引起出口处的强烈磨蚀损坏。当进口圆角而缝隙断面尺寸均匀时，出口脱流漩涡可以远离叶片边壁，如图 6.4-1 (d) 所示。

由实验数据得到：若叶片宽度（缝隙长度）为 δ 时，进口部分圆角半径 R 的最好值 0.5δ。叶片出口部分保持直角或小于 $3°$ 的扩散角。为了改善轴流式水轮机叶片端缝的流动条件，可在叶片外缘加装翼板，翼板装于叶片泄水边，如图 6.4-2 所示。

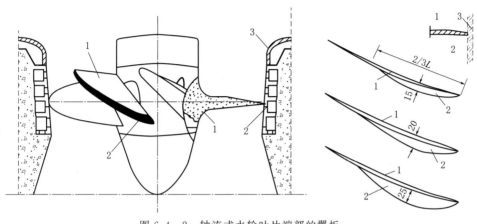

图 6.4-2 轴流式水轮叶片端部的翼板

1—转轮叶片；2—翼板；3—转轮室边壁

但是，叶片上加装翼板后，对转轮的能量指标将有影响。虽然，加装翼板可以使缝隙长度增长，减小缝隙区域的压力梯度，特别是将缝隙出口的漩涡送到远离叶片的下游，这有利于改善缝隙部件的空蚀和磨损条件，但翼板使水轮机效率的变化情况常是在选择这种结构时最关心的问题。

试验资料表明，图 6.4-2 所示的翼板可使 Пл661 型水轮机在空化工况以前的最优效率工况区域的效率下降 $0.4\%\sim0.6\%$，而在空化工况下将改善水轮机的能量指标。轴流式水轮机叶片本体，因相对流速较高，空化条件不良，空蚀和磨损难以避免，特别是出水边。因而应改进叶片型线水力设计，从而改善其空蚀和流动特性。转轮叶片上的吊攀孔常是局部空蚀和磨损的根源，应采用专用夹具代替。若有吊攀孔时，孔塞应与叶片表面力求平齐。

轴流式水轮机转轮室护壁除了叶片端部相对应的缝隙部分常遭严重磨损以外，由于导叶尖可以伸入转轮室进口过渡翼板空间内，因而引起这一区域的水流扰动和漩涡，加剧了护壁的磨损。如果采用较大的导叶中心圆直径 D_0，将可改善转轮室这一过渡段的水流条件和减轻其磨损。对每种型号的水轮机，导叶中心圆直径 D_0 和过渡段的高度均为固定不变的结构，肯定是不恰当的。

轴流式水轮机内，从导叶出口到转轮叶片进口是一段流场复杂的区域。在导叶出水边水流存在脱流漩涡，在导叶出口的下端面和底环之间还有一个楔形区，水流在导叶下端面形成新的脱流漩涡，而且，此时水流在轴面存在一个由径向向轴向的流动，如果底环型线设计不好，又会在转轮室上环形成脱流漩涡，进而对该部位形成空蚀破坏，所以位于黄河流域的大峡水电站水轮机的设计方案是将活动导叶相对分布圆直径从 $1.16D_1$ 加大到

$1.2D_1$ 的基础上，通过优化流道设计将蜗壳包角由 $180°$ 改进为 $225°$，将转轮轮毂比由 0.44 降为 0.43。借助数值计算分析，发现对应的设计方案的空化系数由 0.575 降为 0.465，空化余量增大；另外通过固定导叶、活动导叶双排叶栅损失计算、叶片局部修型等手段，对 ZZ500 转轮水力设计进行进一步优化，最大限度地减少水力损失和空化的发生，使机组水力设计在最优工况，保证水轮机既具有较高的水力性能，又有较好的空蚀性能和运行稳定性。

6.4.2　混流式转轮

对于中高比转速混流式水轮机，前已述及，转轮叶片出水边靠近下环处和下环内表面是磨损最严重的部位。其原因主要是该处相对流速高，局部含沙浓度高和导水机构底环出口水流的急剧转弯和脱流。

为了改善这一部位的磨损流动条件，可以采用如图 6.4-3 所示的结构改进方案。将导水机构底环和转轮下环内表面的轴截面形状由实线改为虚线，导水机构底面尖部后移（由 D_1 改变为 D'_1），同时，修改后的下环内表面有较大的圆弧过渡，从而使轴截面内水流由径向转为轴向时，可以得到较好的绕流条件，减轻下环处的脱流和漩涡。在改进的结构下，迷宫环漏水流动转弯甩到下环内表面的沙粒动能和数量也有所减少。

这种结构，下环内表面弧度越大，转轮出口直径越小（由 D_2 改变为 D'_2），从而减少了断面积。为此，使转轮上冠抬高，这不仅可以增大流道断面积，以补偿 D_2 减小的影响，而且可以改善上冠后部的磨损条件。

混流式水轮机进水边的磨损以靠近上冠和下环处磨损最严重。图 6.4-3 的结构改进方案，同样可使转轮进水边靠近下环处的磨损条件有所改善。

此外，可以使导叶高度 b_0（顶盖和底环平面间的距离）大于转轮进口叶片高度 b_1。由于进水边这一区域的磨损主要因 $b_0 < b_1$ 的结构尺寸导致恶化，因此，改变为 $b_0 > b_1$ 的结构将改善磨损条件，改变结构如图 6.4-4 所示。

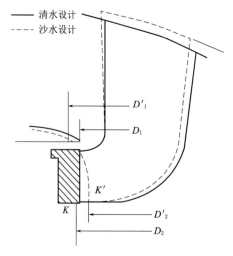

图 6.4-3　高比转速混流式转轮结构的改进

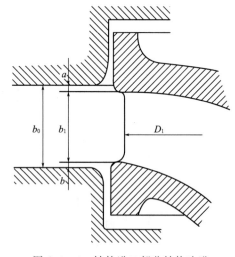

图 6.4-4　转轮进口部分结构改进

b_0 值按下式计算确定：

$$b_0 = b_1 + (a+b), \quad a = b_1 q_1/Q, \quad b = b_1 q_2/Q \quad\quad (6.4-1)$$

式中：a、b 为导水机构高度的超出量，如图 6.4-4 所示；q_1 和 q_2 为转轮上冠与下环迷宫缝隙的漏水量；Q 为转轮流量。

对于向上下迷宫间隙分流（q_1 和 q_2）所引起的轴面流速的下降，由转轮进口高度的降低而得到补偿。a 值与 b 值过大时，转轮进口迎流面端部的冲击磨损将加大，因此必须准确地保持计算值。

在机组安装时，一般并不严格地考虑水轮机转子重量和轴向水推力在上机架上引起的挠度，因而，为了保证 a 值与 b 值在运转中合乎要求，维持按式（6.4-1）计算的数值，应准确调整推力轴瓦的标高。

6.4.3 混流式水轮机迷宫环

混流式水轮机迷宫环作为止水部件，必然要求采用增大流道阻力系数的结构。这只能通过增大局部阻力来实现，故一般采用迷宫式或梳齿式结构。虽然这类结构可以减少密封漏水量，但也造成了缝隙流道中的多次突然扩散、收缩和急剧转向，引起扰动严重的流态，使缝隙部件严重磨损。因此，对于多泥沙河流工作的混流式水轮机，采用平板式密封较好，它可使迷宫环变为平板缝隙，从而改善了磨损流动条件。为了消除混流式水轮机上冠缝隙和上冠漏水流道缝隙的磨损，可以考虑取消上冠减压孔和上冠迷宫止水结构，而用清水来冲刷上冠的转动缝隙。研究表明，为冲刷上冠缝隙流道，所需清水流量大。

如图 6.4-5 所示为几种取消上冠减压孔和止漏装置结构方案的原理图。图 6.4-5（a）方案中，清水从导轴承上腔引入，在通过轴承起冷却和润滑作用后，由上冠缝隙流出。供水量 q_n 在主流汇合进入转轮。图 6.4-5（b）方案中，清水由轴承下腔引入，并在此分流，一部分清水（$q-q_n$）冲刷上冠缝隙后汇入主流，进入导轴承的清水 q_n 在润滑导轴承后仍可循环使用。图 6.4-5（c）方案用于高水头情况。为了冲刷上冠流道，需有较高的清水引入压力 H_B。为了减少轴承及其盘根的润滑水的压力，而在其下腔附加密封装置来减压。图 6.4-5（d）中，在上冠上腔加装盘板与转轮一起旋转，也可达到减小导轴承下腔压力的作用。

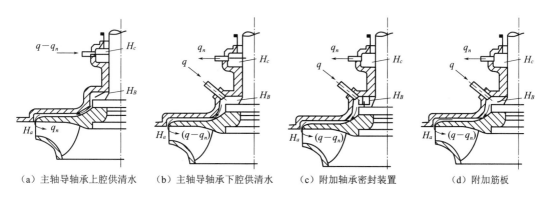

（a）主轴导轴承上腔供清水　　（b）主轴导轴承下腔供清水　　（c）附加轴承密封装置　　（d）附加筋板

图 6.4-5　取消上冠减压孔和止漏装置结构方案原理图

采用图 6.4－5 结构的主要问题在于，当导水叶调节流量时，转轮进口的压力 H_a 值可变化。H_a 过大时，可能有含沙水流进入上冠缝隙，此时不仅会有磨损发生，而且将危及导轴承的安全。H_a 过小时，可能使得供水量不够，清水将全部通过上冠缝隙进入转轮流道，而使水轮机导轴承断水。此外，取消减压孔后，水轮机轴的水推力将增大。

6.4.4　导水机构部件

在导水机构所有部件中，以下端面缝隙部件磨损最重，其磨损条件的改善将可使整个导水机构的工作期限延长。导水机构下导轴承衬套处磨损可以采用套环（抗磨环或压环）和橡皮止水密封圈，其结构如图 6.4－6 所示。

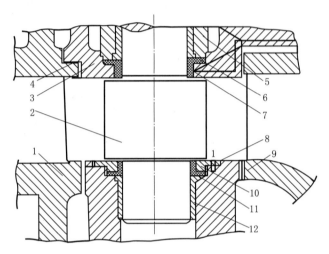

图 6.4－6　导叶轴承橡皮止水密封结构图

1—座环；2—导叶；3—顶盖；4—盘根；5—轴承套筒；6—中部轴套；

7，11—L 型橡皮密封；8—螺钉；9—转轮；10—套环；12—下轴套

套环尺寸小，因而可以采用高耐磨材料制造，并易于用各种表面耐磨处理方法来加强其耐磨性能。

同时，套环磨损后也易于更换备品，无须修补。为了减少导叶枢轴与轴套之间的缝隙漏水可以采用橡皮密封。橡皮密封可以采用 L 型密封、U 型密封等。橡皮密封可以防止含沙水流和沉落沙粒对轴颈和轴衬套的磨损，从运转经验来看，一般是有效的，可以减轻该缝隙部件的磨损。

考虑到导水机构下轴颈与轴承衬套的磨损不能完全靠橡皮密封来消除，同时，对高水头水轮机，其导叶高度较低，而导叶下端面缝隙的磨损在整个水轮机部件中最为严重，因此，也曾有取消导叶下轴承的结构建议。取消下轴承后，由于轴颈取消，缝隙处流动条件将大为改善，可简化成平面缝隙流动。如果导水机构底环再采用高耐磨材料，则导水机构以至整个水轮机的整体磨损速度可大为减缓，水轮机工作周期得以延长。

取消导叶下轴承的方案，从减轻导水机构部件磨损程度方面考虑无疑是很有益的。如这种结构将使导叶仅有上部两个导轴承而成悬臂受力形式，其强度和刚度必须保证，特别是在导叶转动时和用导叶截断水流时，若导叶刚度不足，则将影响导叶的动作和使下端部

缝隙尺寸增加，增大其漏水量，从而加剧空蚀和磨损的发展。

导叶端面缝隙和机组的安装质量有关。冷竹关电站 2 号机大修后对机组充水后的顶盖和底环的变形量进行了实测，充水后的导叶端面缝隙是设计值的 2 倍，而这仅仅是机组运行初期的情况，随着运行时间的增长，缝隙磨损将导致缝隙进一步扩大。缝隙越大，缝隙流速越大，缝隙磨损所造成的对导叶端面的磨损破坏也越严重。

前述对导叶轴套的结构改进措施，同样有利于导叶轴颈和端面的耐磨损。

此外，对小高度平面隙缝中的流动条件的研究表明，导叶端面（迎水面）倒圆将使缝隙中的流动条件大为改善。导叶端面边缘倒圆形状如图 6.4-7 所示。倒角的圆弧半径 r 可以近似取其等于导叶横截面宽度（即缝隙长度）的 $1/4$~$1/2$，r 为（0.25~0.5）b。大值相应于导叶尖部，小值相应于导叶头部。

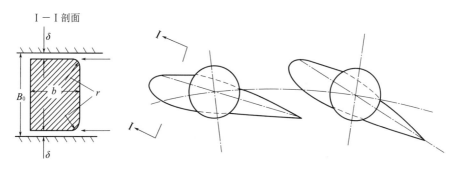

图 6.4-7　导叶端面边缘倒圆形状

上述改善导叶端部缝隙流动和磨损条件的措施均可减轻导水机构顶盖和底环相应部位的磨损。同时，顶盖与底环应当用耐磨材料制造，至少要加装护面，以减轻磨损程度和便于更换。

6.4.5　主轴密封

多泥沙河流水轮机的主轴密封失效是影响机组安全运行的因素之一。在结构繁多的主轴密封中，推荐具有良好自调整功能的水压式或弹簧压紧式端面密封。该密封装置经过多年运行考验，在多泥沙河流的水电站中使用是成功的。

自调整式端面密封宜设计成组合密封的结构型式，并应注意以下几点：

（1）确定合适的布置结构，密封抗磨环宜布置在密封件的下部。这样在离心力的作用下，可将泥浆水往外甩出，以延长密封件的使用寿命。

（2）选择适当的摩擦副，抗磨环可选用耐磨不锈钢或耐磨铸铁材料，其性能优于普通不锈钢。

（3）以往主轴密封件常选用耐磨橡胶。随着技术进步，目前普遍采用高分子材料，可进一步提高主轴密封性能，延长其使用寿命。

（4）为方便安装，密封座设计时宜分成两个部件。

（5）采取措施防止抗磨环分瓣面错位，安装时务必调整好抗磨环的水平。

（6）当采用弹簧压紧式结构时，弹簧力应调整均匀。采用水压式结构时，应提高密封润滑水水质，调整控制好水压。

另外，顶盖内最好设置射流泵作为排除顶盖内淤泥的备用设施，将水直接排至下游，以减少清理集水井的麻烦。对于泥沙含量较大的中高水头水轮机，非接触式的泵板式密封也是很好的选择。该密封装置具有结构简单、密封效果好且免维护等优点。

图 6.4-8 所示为一种目前多泥沙河流水电站常用的自调整式端面密封结构简图。此密封结构下机组正常运行时，流道水经过止漏环间隙进入上冠与顶盖间的空腔 A，经排水管排水、排沙至尾水管；主轴密封进水管 C 接技术供水，一般要求技术供水压力高于被密封水压力，阻止被密封水进入密封面从而达到密封目的。弹簧 B 用来补偿被密封水水压不足时密封面的贴紧力，以减少清洁水泄漏量。良好的结构设计可以使密封接触面之间形成润滑水膜，以获得较长的使用寿命。此密封结构在 300MW 以上大型机组，尤其是欧洲进口机组有着较多的应用。该密封结构要求必须接通有压清洁水，且水压应大于被密封水，才能够在密封面形成润滑膜、阻止被密封水进入密封面。从这一点上看，此密封同传统的水压端面密封原理相同，同样适合多泥沙水电站水轮机使用。因为含沙水无法进入密封面，泥沙对密封影响小，密封材料一般选用进口高分子材料，该密封安装质量要求较高，弹簧调整工作量大。

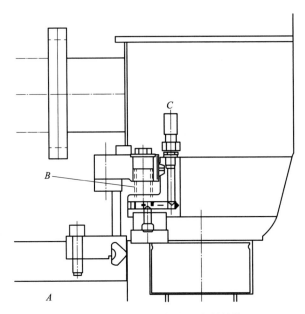

图 6.4-8　自调整式端面密封结构

A—空腔；B—弹簧；C—主轴密封进水管

6.4.6　便于检修的结构设计

在多泥沙河流上工作的水轮机检修周期一般很短，检修频繁，因此应当考虑采用某些可使检修工作简化的结构措施。

发电机部件的拆装和调整工作较为困难，在检修被磨损水轮机时，电机本身并无拆卸的必要，因此，常改进水轮机的某些结构，以求在不拆卸发电机的情况下进行水轮机各部件的检修工作。

对于混流式水轮机，为了取出转轮，进行磨损部位的修补工作，依目前的结构，需整个拆下直到发电机上机架的所有部件。除电机定子部分不动外，几乎重复了安装机组时的大部分安装、调整和测量工序。而图 6.4-9 所示的结构，可以单独取出混流式转轮，避免了常规的大部分拆卸工作。

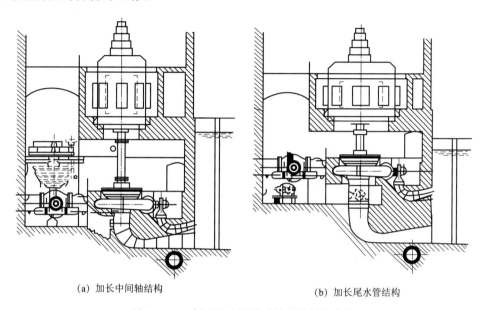

（a）加长中间轴结构　　　　　　　　　　　（b）加长尾水管结构

图 6.4-9　便于取出混流式转轮的结构方案

　　图 6.4-9（a）结构可以从下部拆卸水轮机转轮，为此，加长了中间轴长度。检修水轮机时，拆去中间轴后，可将转轮和顶盖等部件移出到水轮机层地板，吊出检修。对于轴流式水轮机，可以从尾水管进人孔，用起吊工具经尾水管进入廊道移出转轮叶片，轴流式水轮机叶片吊出结构方案如图 6.4-10 所示。转轮叶片吊出后，在检修车间检修处理。采用此方案时，尾水管进人门和廊道尺寸一般需加大些。

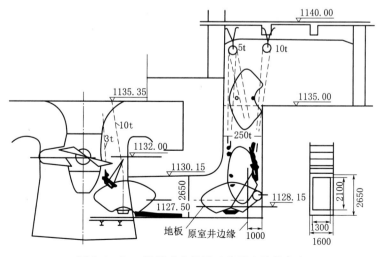

图 6.4-10　轴流式水轮机叶片吊出结构方案

6.5　水 轮 机 制 造 技 术

6.5.1　表面强化技术

　　水轮机表面强化技术目前基本分为冷喷涂磨损修复、热喷涂磨损修复和电火花表面强化磨损修复三种，各有其特点及应用范围。

　　在水轮机的过流表面采用抗磨损涂层技术，是水电站防止泥沙磨损常见且有效的方法之一，常见的抗磨损涂层有环氧金刚砂、碳化钨等。近年来，冷喷涂磨损修复，如应用聚氨酯等新型高分子材料，由于其韧性好，强度高，黏合时不易引起水轮机热变形等优点，成为常见的抗磨损材料。其中，聚氨酯及其改进型应用最为广泛，其抗磨性能是普通铸铁材料的 20 倍以上，是普通抗磨材料的 2 倍以上，但是，聚氨酯难以和水轮机实现完美黏合，在实际应用中有局部撕裂甚至脱落等现象。在工程实际中采用碳化钨粉末对水轮机过流部件进行喷涂防护是较为可靠成熟的防护技术，可以有效防止机组的空蚀、磨损，但是随着机组的运行年限增加，碳化钨涂层将会脱落，如何经济、有效地对碳化钨涂层进行修补是目前国内外面临的一个具体技术难点。采用电火花表面强化技术，对水轮机磨损部位进行表面强化修复处理，经过一个汛期的实际应用结果表明，电火花表面强化处理的水轮机部位形貌完好，强化层清晰可见，没有发现明显的泥沙磨损缺陷，且强化层和水轮机基体结合良好，没有发生剥落现象，说明电火花强化层具有较高的硬度和较好的耐磨性，是值得关注的一项抗磨技术。

　　刘家峡水电站的水轮机活动导叶易磨蚀区域主要集中在上下端面、正压面、尾部密封面等部位。在活动导叶修复过程中，主要采用抗磨蚀喷涂技术对活动导叶上下端面、轴肩、叶身周边 100mm 进行了碳化钨喷涂。从喷涂后的运行情况看，水轮机活动导叶在上述部位喷涂后，经过 5 个汛期的运行，碳化钨喷涂层仍然完好无损。

　　近年，一种 WC 陶瓷涂层技术得到了广泛的应用，由于 WC 陶瓷涂层具有结合强度高、耐磨性能好等特点，使得热喷涂 WC 涂层技术成为一种解决水轮机过流部件抗磨蚀的新技术，并且在国内的一些电站获得了研究与应用。采用 HV-50 超音速热喷涂技术制备的 WC 陶瓷涂层具有致密的表面形貌，孔隙率较低仅为 0.45%，涂层截面呈致密的层状结构，涂层与基体之间呈锯齿形紧密结合。这是由于 HV-50 超音速火焰喷涂设备具有较高的焰流速度，粉末粒子速度达到 1500m/s 以上，使得半熔融的粉末粒子以更高的速度冲击到基材表面形成致密的涂层，并且高的冲击力使涂层在基材表面的应力为压应力，有利于涂层与基体之间的高强度结合。

　　纳米改性 WC 陶瓷涂层的显微硬度值远高于基材，是基材的 3~4 倍以上，耐干摩擦磨损性能高达基材的 145 倍，耐石英砂与水的综合冲蚀性能是基材的 25 倍以上，具有显著的抗磨损、耐冲蚀效果。在卡拉贝利水电站应用该涂层技术，大幅提高了水轮机过流部件的抗泥沙磨损能力，延长了机组的使用寿命，有效地解决了新疆地区等高泥沙含量河流的水轮机磨损问题。

　　在河流泥沙含量大的紫荆关一级水电站转轮进行了新型高耐蚀耐磨非晶纳米晶复合涂层材料抗磨试验，并归纳出了该种抗磨技术的特点，为多泥沙水电站的水轮机过流部件抗磨工作提供了新的途径。在水轮机转轮上应用高耐蚀耐磨非晶纳米晶复合涂层，从叶片形貌上看，原铸钢材料 A3 经一个汛期运行转轮部分过水面破坏形成鱼鳞坑，叶片背面呈现海绵状蜂窝麻面，严重时出水边成锯齿状破坏，经非晶纳米晶复合涂层保护后的转轮表面经一个汛期运行后未发现明显的磨蚀区，涂层表面完好，明显优于铸钢材料 A3 的抗磨蚀性能。高耐蚀耐磨非晶纳米晶复合涂层抗磨蚀性能优异，为多泥沙水电站的水轮机过流部件抗磨工作提供了新的途径。

6.5.2 抗磨材质选择

我国不同含沙水流域水轮机过流部件使用的材料，具有代表性的材料是普通碳钢（如 35、45、55 等）、低合金钢（如 20SiMn、Cr5Cu）、普通不锈钢（如 0Cr18Ni9Ti、1Crl8Ni9Ti）和高强度不锈钢（如 0Cr13Ni4Mo、0Cr13Ni5Mo、0Cr13Ni6Mo）等。近几年，水轮机制造厂也使用过国外进口钢材，如 ASTM A743C（CA6NM）、ASTM A487（CA6NM）、ATSM A240（S41050）等。从目前所使用的国产钢材的化学成分和机械性能来看，其已经与国外非常优良的适合泥沙河流水轮机应用的钢材属性非常接近。

在工程应用中，根据不同抗磨钢材属性，针对不同河流和水电厂的特殊情况，选择适合水头变幅大、泥沙含量高等特点的水轮机过流部件抗磨钢材是十分必要的。

我国水电行业长期实践证明 0Cr16Ni5Mo、0Cr13Ni5Mo、0Cr13Ni5Mn3 具有很好的抗泥沙耐磨性能。0Cr18Ni9Ti 由于良好的抗空蚀性能，实际使用中也表现出较好的耐磨性。16/5 钢综合性能好，其良好的冷焊性更为可贵，它的耐磨性也稍优于其他两种镍铬低碳马氏体钢，宜用于高水头混流式水轮机的转轮、导叶或水流泥沙含量很大的中水头混流式水轮机转轮；13/5Mn3 钢耐磨蚀性好，但硬度高，机械加工较困难，可用于高水头混流式水轮机电渣熔铸导叶；13/5 钢普遍用于转桨式水轮机的叶片、转轮室，混流式水轮机的导叶、转轮、抗磨板、转轮止漏环等；18/9 奥氏体不锈钢多用于固定止漏环和尾水管里衬上段（对于水头特高或泥沙特大的混流式转轮叶片、下环，最好采用 13/5 不锈钢板制造，钢板表面致密，有利于抵抗泥沙磨损。

由于水轮机运行工况复杂，所用的钢材材料也是多种多样的，一般可按下列方法选定水轮机抗磨材料：

（1）水轮机在含沙水流中，泥沙颗粒运动轨迹与过流部件表面的夹角（即冲角）一般较小，此时工件表层硬度越高越耐磨，因此选用超硬材料可大幅度提高耐磨性，例如碳化钨超高速火焰喷涂涂层与 0Cr14Ni5Mo 相比较，其耐磨性可提高 26～70 倍。

（2）能产生加工硬化的材料可以提高耐磨性和抗空蚀性能，亚稳奥氏体钢在空蚀磨损过程中会发生马氏体相变，相变时不仅会吸收能量还能大幅度提高硬度，从而具有较高的耐磨性和优良的抗空蚀性能，所以 18-8 型不锈钢抗空蚀磨损性能优于稳定奥氏体钢 2Cr1Ni12Mo，GBI 抗空蚀磨损性能好的另一重要原因是加工硬化能力强。

（3）超弹性材料可以吸收沙粒的动能和空泡溃灭时冲击到工件表面的能量，故可提高耐磨性和抗空蚀性能，如聚氨酯橡胶、高超分子聚乙烯等属于这一类材料，金属材料中的镍合金也具有超弹性，抗磨抗空蚀性能良好，在实际应用中的关键是要解决上述材料复层工艺问题。

6.5.3　转轮叶片的焊接工艺

对于水轮机叶片的焊接方式，通常采用 R_{20} 的圆弧过渡角，但在近些年的运行实践中发现，在叶片的出口靠下环处的焊缝磨损异常严重，进而发展损伤叶片。

针对这个问题，新疆红山嘴电厂在 2001 年机组检修中采用了分段焊接方式，在叶片开口上半部仍然以 R_{20} 圆弧过渡角，叶片的出口靠下环处的焊缝采用斜坡状，以大于 R_{50} 的圆弧过渡角进行焊接。先在出力 9500kW 转轮上进行试验，试验结果表明磨损明显减轻。后来又在出力 10500kW 转轮上继续做试验，发现叶片及焊缝磨损均匀，有轻微的沟槽，抗磨效果相当明显。

6.6　水轮机运行工况

电站与机组的负荷分配和工况控制由电力系统及水电站本身的经济运行要求确定。但对沙粒磨损情况严重的电站，显然应当更多地考虑从运行工况安排上减轻水轮机的磨损，以延长机组检修周期。

1. 合理安排水轮机运行工况

一般河流中，洪流和沙峰常同时发生，汛期洪水中挟有大量泥沙，沙粒粒径也较大。在这期间，应加强观测和取样分析。从减轻沙粒磨损角度考虑，汛期水流中含沙量过大时，停机回避是有利的，特别是水轮机沙粒磨损较为严重时，否则水轮机将加速磨损。汛期短期停机，以换取较长工作期限是可以考虑的。当然，在这种情况下也要考虑电站在系统中的地位，是否有停机回避的可能。

对于任何型系水轮机，从一般角度考虑，均希望在满负荷工况下运行。对于遭到泥沙磨损的水轮机则有所不同。因为，对给定型号水轮机的某一过流部件，当其在偏离最优工况运转时，其流道平均相对速度可能比最优效率工况有所降低。虽偏离满负荷工况运行时，有可能使过水部件局部水流扰动加剧或影响另外的磨损流动条件，但磨损程度与平均流速三次方左右成正比，空蚀与流速的更高次方成正比。同时，局部扰流强度也与流道平均流速有关。因此，通过控制运行工况，以降低流道平均流速和磨损程度是可以考虑的措施。

在有些情况下，有可能控制水轮机运行工况，以改善水轮机的磨损条件。对高比速混流式水轮机，当预见其转轮将要或已经有较严重的磨损时，可以控制其运行工况在较低负荷区内运转，这样，转轮出口速度将大为下降，从而减缓了磨损最严重的转轮出口边的磨损速度，迷宫环磨损也降低（但进口平均速度也会降低），导水机构处流速和磨损速度加大。但从水轮机整体来看，其工作期限将可能延长和减少电能损失。

在下列情况下，可以考虑控制水轮机在低负荷区运转，以期延长水轮机的工作期限：

（1）机组较长时间在满负荷下运转。同时，水流中含沙量较大，这时，可以预见水轮机转轮严重磨损。在汛期，水轮机一般满负荷或超负荷运转，而这一时期水中含沙量很高。满负荷工况运行有时可延续到秋季平水期。显然，转轮磨损将很严重，而导水机构磨损则较轻微。在此种情况下，控制水轮机工况在较低负荷下运转是有利的。

（2）通过一次检修，发现转轮磨损严重，而导水机构磨损轻微，转轮的磨损速度决定水轮机工作期限时。

（3）根据备品情况，一般导水机构备品较充裕，如转轮磨损严重，需要减轻其磨损以延长水轮机的工作寿命时。

通过合理安排水轮机的运行工况，降低那些磨损最严重部件的磨损速度，以造成整个水轮机"均匀的磨损"，从而延长机组的工作期限和工作寿命。为了合理控制水轮机的运行工况，需掌握各种型系水轮机在各种工况下的磨损规律，根据具体情况制订运行计划。

2. 水轮机调相运行及停机方式的控制

通常用关闭导叶，同时向转轮室充气压水的方式完成水轮机组由发电方式向调相方式的转换，也常用关闭导叶方式停机截断水流，这些情况下，导叶部件将处于最不利的磨损条件，应予避免。

用导叶截断水流时，导叶将承受近全部水头，导叶各个漏水缝隙中（导叶密封不良时的立面缝隙和上下端面缝隙）的射流速度将很高，远大于水轮机带负荷运转时的情况，因此，仅从速度因素考虑，在此工况下，导叶磨损也将大大加剧。对 PO123 型水轮机，工作水头 40m，在最优效率工况下带负荷运转时，导叶前后的压差 $(H_b - H_a)$ 为 86m。而当用导叶截断水流时

$$H_b - H_a = H - H_\mathrm{I} - H_\mathrm{II} \qquad (6.6-1)$$

式中：H 为上下游水位差；H_I 为转轮室压力；H_II 为导叶漏水缝隙到下游水位的高程差。

当 H_I 和 H_II 均较小因而忽略时，$(H_b - H_a)' = 40m$。这样，用导叶截断水流时，导叶端缝的磨损速度 V' 为带负荷最优效率工况时磨损速度 V 的 k 倍：

$$k = \frac{V'}{V} = \left[\frac{\sqrt{(H_b - H_a)'}}{H_b - H_a} \right]^3 = 10 \qquad (6.6-2)$$

可知，调相运行或停机时，若用导叶截断水流，导叶上下端缝部件的磨损速度为带负荷运行时的 10 倍。

此外，用导叶截断水流时，在静水中，沙粒将更快地沉积在导叶下端缝处，形成极大的导叶端部含沙浓度。同时，缝隙射流有强烈的水流扰动和空化，因此导叶端缝部件将很快磨损，k 值还要更大一些。

对于在含沙水流中工作的水轮机，用关导叶来转调相或停机是十分不利的。因而，应采用水轮机前主阀来截断水流。主阀只有全关或全开两个工作位置，不需中间工作位置。因其密封条件比导叶好得多，如无漏水，则无磨损，可以用导叶关闭来停机或转调相，只用关闭主阀来承受水头。长期停机时，应关闭引水管进水口闸门，以防泥沙沉降，堵塞阀轴间隙。

参 考 文 献

[1] White Frank M. Viscous fluidflow [M]. Mcgraw – Hill Book Company，1974.

[2] Hinze J O. Turbulence [M]. New York：McGraw – Hill，1975.

[3] Patanker S V. Numerical heat transfer and fluidflow [M]. New York：Hemisphere，1980.

[4] 段昌国 . 水轮机沙粒磨损 [M]. 北京：清华大学出版社，1980.

[5] 程良骏 . 水轮机 [M]. 北京：机械工业出版社，1981.

[6] 岑可法，樊建人 . 工程气固多相流动的理论及数值计算 [M]. 杭州：浙江大学出版社，1990.

[7] Shood C A，Roco M C. Slurry folw：principles andpractice [M]. Butterworth – Heinemann，Stone-ham，1991.

[8] 刘小兵 . 固液两相流动及在涡轮机械中的数值模拟 [M]. 北京：中国水利水电出版社，1995.

[9] 林汝长 . 水力机械流动理论 [M]. 北京：机械工业出版社，1995.

[10] 章梓雄，董曾南 . 粘性流体力学 [M]. 北京：清华大学出版社，1998.

[11] 刘小兵，祁建华 . 水力机械泥沙磨损 [M]. 成都：四川科学出版社，1999.

[12] 刘小兵 . 水力机组及其调节安装检修与水电站经济运行和维护 [M]. 成都：四川科学出版社，2002.

[13] 王福军 . 计算流体动力学分析 [M]. 北京：清华大学出版社，2004.

[14] 黄源芳 . 水电机组修复与现代化改造 [M]. 武汉：长江出版社，2008.

[15] 顾四行，杨天生 . 水机磨蚀研究与实践 50 年 [M]. 北京：中国水利水电出版社，2016.

[16] 中华人民共和国水利部 . 中国河流泥沙公报 2017 [M]. 北京：中国水利水电出版社，2018.

[17] Pourahmadi F. Turbulence modeling of single and two phase curved channel flows [D]. University of Califorma, Berkeley，1982.

[18] 刘小兵 . 水涡轮机械中的固液两相流动及磨损研究 [D]. 武汉：华中理工大学，1995.

[19] 王邦礼 . 含沙河流中混流式水轮机转轮优化设计 CAD 系统的研究与开发 [D]. 成都：四川工业学院，1999.

[20] 施浩然 . 含沙河流中轴流式水轮机转轮优化设计研究及其软件包的开发 [D]. 成都：四川工业学院，2001.

[21] 冯涛元 . 渔子溪电站水轮机技术改造研究 [D]. 成都：西华大学，2004.

[22] 石永伟 . 三门峡水电厂水轮机泥沙磨蚀及其防护的研究 [D]. 南京：河海大学，2006.

[23] 张海库 . 含沙河流中水轮机的性能预测 [D]. 成都：西华大学，2009.

[24] 欧顺冰 . 含沙水中混流式水轮机三维内流场的数值模拟 [D]. 成都：西华大学，2012.

[25] 华红 . 含沙水中锦屏二级水电站水轮机内部流动及性能预测研究 [D]. 成都：西华大学，2013.

[26] 王伟夫 . 大流量低水头河流挡泄水建筑物布置设计 [D]. 成都：西华大学，2013.

[27] 李远余 . 高比转速混流式水轮机固液两相数值模拟 [D]. 哈尔滨：哈尔滨工业大学，2014.

[28] 尚勇 . 沙水中离心泵过流部件泥沙浓度分布与磨损研究 [D]. 成都：西华大学，2015.

[29] 李玲娟 . 混流式水轮机内部固液两相流数值模拟及磨损预估 [D]. 成都：西华大学，2015.

[30] 王杰 . 混流式水轮机在含沙水流下的空化特性研究 [D]. 杭州：浙江大学，2016.

[31] 景昭伟 . 全球河流输沙量时空分布及其影响因素分析 [D]. 杨凌：西北农林科技大学，2017.

[32] 王波 . 水力机械常用材料磨蚀特性试验研究 [D]. 西安：西安理工大学，2017.

[33] 吴振 . 水流含沙特性对金属材料磨蚀的影响机制研究 [D]. 天津：天津大学，2017.

［34］ 李叶兵．夏特水电站水轮机导叶泥沙磨损研究［D］．成都：西华大学，2018.

［35］ 李佳楠．新疆夏特水电站泥沙磨损试验研究［D］．成都：西华大学，2019.

［36］ 袁帅．多泥沙河流水电站水轮机转轮内部流动及磨损研究［D］．成都：西华大学，2019.

［37］ 田长安．多泥沙河流长短叶片水轮机转轮泥沙磨损研究［D］．成都：西华大学，2020.

［38］ Bagnold R A. Experiments on gravity－free dispersion of large solid spheres in a Newtonian fluid un-der shear［C］//Proceedings of the Royal Society，Series A，London，1954：49－63.

［39］ Finnie I. The mechanism of erosion of ductile metals［C］//Proc. 3rd US Natl. Congr. of Appl. Mech.，Providence，1958：527－532.

［40］ Finnie I. An experimental study of erosion［C］//Proc. Soc. Exptl. Stress Analysis，Washington，1959：1－84.

［41］ Peskin，RL. The diffusivity of small suspended particle in turbulent fluids［C］. The Int. Conference on the A. I. Ch. E. Baltimore，Maryland，1962：347－358.

［42］ 刘小兵．三峡水质对金属材质的磨损研究［C］//中国水动力学研究与进展学术会议论文集，1993：72－78.

［43］ Liu XB，Zhang LD，Liang Z，Cheng LJ. Numerical prediction of silt abrasive erosion in hydraulic turbine［C］//ASME Fluids Engineering Division Summer Meeting. California，1996：623－628.

［44］ Song CCS，Chen X，Ikohagi T，et al. Simulation of flow through Francis turbine by Les method［C］//XVIII IAHR Symposium on Hydraulic Machinary and Cavitation，Dordrecht，Netherlands，1996：167－276.

［45］ 刘小兵，梁柱．含沙河流中水轮机转轮水力设计参数及流道结构的确定［C］//第六届全国海事技术研讨会论文集，2000：291－296.

［46］ 梁柱，刘小兵．从龚嘴水电站蜗壳磨蚀谈蜗壳设计［C］//第六届全国海事技术研讨会论文集，2000：297－303.

［47］ 刘小兵．水力机械多相流动试验台及其自动测控系统研究［C］//水机磨蚀论文集，2005：73－79.

［48］ 顾四行，姚光．多沙河流水电站水轮机磨损与防护［C］//第三届全国河道治理与生态修复技术交流研讨会专刊，北京，2011：26－31.

［49］ 刘娟，陆力，朱雷，等．冲击式水轮机过流部件泥沙磨损的试验研究［C］//第十九次中国水电设备学术讨论会论文集，2013：424－428.

［50］ Koirala，Ravi，Neopane. A review on flow and sediment erosion in guide vanes of Francis turbines［R］. Renewable & sustainable energy reviews，2017.

［51］ Finnie I. Erosion of surfaces by solid particles［J］. Wear，1960，3（2）：87－103.

［52］ Rubinow SI，Keller JB. The transverse force on a spinning sphere moving in a viscous fluid［J］. Journal of Fluid Mechanics，1961，11（3）：447－453.

［53］ Brenner H. The slow motion of a sphere through a viscous fluid towards a plane surface［J］. 1961，16（3－4）：242－251.

［54］ Bitter JGA. A study of erosion phenomena：Part Ⅰ［J］. Wear，1963，6（1）：5－21.

［55］ Bitter JGA. A study of erosion phenomena：Part Ⅱ［J］. Wear，1963，6（3）：169－190.

［56］ Saffman PG. The lift on a small sphere in a slow shear flow［J］. Journal of Fluid Mechanics Digital Archive，1965，22（02）：385－400.

［57］ Sheldon GL，Finnie I. On the ductile behavior of nominally brittle materials during erosive cutting［J］. Journal of Engineering for Industry，1966，88（4）：387－392.

［58］ Sheldon GL，Finnie I. The mechanism of material removal in the erosive cutting of brittle materials［J］. Journal of Engineering for Industry，1966，88（4）：393－398.

［59］ Neilson JH，Gilchrist A. Erosion by a stream of solid particles［J］. Wear，1968，11（2）：111－122.

[60] Neilson JH，Gilchrist A. An experimental investigation into aspects of erosion in rocket motor tail-nozzles [J]. Wear, 1968, 11 (2)：123 - 143.

[61] Tilly GP，Sage W. The interaction of particle and material behavior in erosion processes [J]. Wear, 1970, 16 (6)：447 - 465.

[62] Rouhiainen PO，Stachiewicz JW. On the deposition of small particles from turbulent streams [J]. Journal of Heat Transfer, 1970, 92 (1)：169 - 175.

[63] Finnie I. Some observations on the erosion of ductile metals [J]. Wear, 1972, 19 (1)：81 - 90.

[64] Morsi SA，Alexander AJ. An investigation of particle trajectories in two - phase flow systems [J]. Journal of Fluid Mechanics, 1972, 55 (2)：193 - 208.

[65] H. Uuemõis, Kleis I. A critical analysis of erosion problems which have been little studied [J]. Wear, 1975, 31 (2)：359 - 371.

[66] Launder, et al. Progress in the development of a reynolds - stress turbulence closure [J]. J Fluid mech. , 1975, 68 (3)：537 - 566.

[67] Clevenger WB，Tabakoff W. Dust particle trajectories in aircraft radial turbines [J]. Journal of Aircraft, 1976, 13 (10)：786 - 791.

[68] Tabakoff W，Hamed A. Aerodynamic effects on erosion in turbomachinery [J]. Aerodynamic effects on erosion in turbomachinery, 1977：574 - 580.

[69] Finnie I，Mcfadden DH. On the velocity dependence of the erosion of ductile metals by solid particles at low angles of incidence [J]. Wear, 1978, 48 (1)：181 - 190.

[70] Dring RP，Suo M. Particle trajectories in swirling flows [J]. Energy, 1978, 2 (4)：232 - 237.

[71] Hutchings IM. A model for the erosion of metals by spherical particles at normal incidence [J]. Wear, 1981, 70 (3)：268 - 281.

[72] Beacher B，Tabakoff W，Hamed A. Improved particle trajectory calculations through turbomachinery affected by coal ash particles [J]. Journal of Engineering for Power, 1982, 104 (1)：64 - 72.

[73] Maxey，Martin R. Equation of motion for a small rigid sphere in a nonuniform flow [J]. Physics of Fluids, 1983, 26 (4)：883 - 890.

[74] Hamed A. Solid particle dynamic behavior through twisted blade rows [J]. Journal of Fluids Engineering, 1984, 106 (3)：251 - 259.

[75] Rizk MA，Elghobashi SE. The motion of a spherical particle suspended in a turbulent flow near a plane wall [J]. Physics of Fluids, 1985, 28 (3)：806 - 873.

[76] 邵长城，许协庆. 绕物体水流中固体颗粒运动轨迹和冲击作用计算 [J]. 水利学报, 1986 (6)：39 - 46.

[77] Levy AV，Hickey G. Liquid - solid particle slurry erosion of steels [J]. Wear, 1987, 117 (2)：129 - 146.

[78] Militzer J，Kan JM，Hamdullahpur F, et al. Drag coefficient for axisymmetric flow around individual spheroidal particles [J]. powder technology, 1989, 57 (3)：190 - 195.

[79] Ounis H，Ahmadi G. Motions of small rigid spheres in simulated random velocity field [J]. Journal of Engineering Mechanics, 1989, 115 (10)：2107 - 2121.

[80] 李仁年. 含沙水流时水轮机导水部件流场的试验研究 [J]. 水利学报, 1991 (2)：35 - 41.

[81] Sundararajan G. A comprehensive model for thesolid particle erosion of ductile materials [J]. Wear, 1991, 149 (12)：111 - 127.

[82] Mih WC. An empirical shear stress equation for general solid - fluid mixture flows [J]. International Journal of Multiphase Flow, 1993, 19 (4)：683 - 690.

[83] 刘小兵，程良骏. 水涡轮机械流场中的颗粒运动 [J]. 华中理工大学学报, 1994 (1)：10 - 16.

［84］ 刘小兵．程良骏，等．空泡在任意流场中的运动［J］．水动力学研究与进展（A辑），1994（2）：150－162．

［85］ 刘小兵，曾庆川，程良骏．用Lagrangian方法分析颗粒在湍流场中的运动［J］．华中理工大学学报，1994（10）：45－50．

［86］ 刘小兵，程良骏．Lagrangian颗粒运动方程的分析与求解［J］．水利电力科技，1995（1）：41－45．

［87］ 刘小兵，张礼达，程良骏．含沙水流对水轮机导叶部件磨损的数值模拟［J］．水力发电学报，1995（4）：56－66．

［88］ Haugen K，Kvernvold O，Ronold A，et al. Sand erosion of wear－resistant materials：Erosion in choke valves［J］．Wear，1995（186－187）：179－188．

［89］ Liu Xiaobing，Cheng Liangjun. A $k-\varepsilon$ two－equation turbulence model for solid－liquid two－phase flows［J］．Appl. Math. and Mech.，1996（6）：523－531．

［90］ 刘小兵，程良骏．湍流边界层中固体颗粒运动的数值模拟［J］．上海力学，1996（1）：54－60．

［91］ 刘小兵，梁柱，程良骏．高浓度固液混合流的湍流模拟［J］．水利水运科学研究．1996（1）：15－23．

［92］ 刘小兵，程良骏．Basset力对颗粒运动的影响［J］．四川工业学院学报，1996（2）：5－63．

［93］ Liu Xiaobing. Studies of solid－liquid two－phase turbulent flow and wear in hydraulic machinery［J］．Journal of Hydrodynamics，1996（2）：72－76．

［94］ 单鹰，唐澍，邓杰，等．水轮机导叶抗泥沙磨损的水力研究［J］．水力发电学报，1996（3）：99－109．

［95］ Liu Xiaobing. Boundary layer effects on solid particle motion and erosive wear［J］．Journal of Hydrodynamics，1996（4）：9－17．

［96］ 刘小兵，程良骏．固液两相流中的一种湍流模式［J］．水动力学研究与进展（A辑），1996（5）：493－498．

［97］ 刘小兵，程良骏．固液两相湍流和颗粒磨损的数值模拟［J］．水利学报，1996（11）：20－27．

［98］ 刘小兵，程良骏．The general solution equation of motion for a particle in arbitrary flow field［J］．应用数学，1997（2）：93－96．

［99］ Liu Xiaobing，Cheng Liangjun. Lagrangian model on the turbulent motion of small solid particle in turbulent boundary layer flows［J］．Applied Mathematics & Mechanics，1997（3）：297－306．

［100］ 高良润，程晓农，郭乃龙．水力机械的磨损与材料［J］．排灌机械，1998（1）：3－6．

［101］ 刘小兵，张家川，程良骏．旋转流场中沙粒运动的数值模拟［J］．水动力学研究与进展（A辑），1998（3）：338－346．

［102］ 刘显耀．渔子溪水电站水轮机过流部件磨蚀情况及损坏原因探讨［J］．水力发电学报，1998（4）：79－86．

［103］ 吴玉林，吴伟章，曹树良，等．水轮机转轮泥沙磨损的数值模拟［J］．大电机技术，1999（5）：54－58．

［104］ Zhang Jiachuan，Liu Xiaobing. Numerical prediction of silt abrasive erosion in hydraulic turbine［J］．Journal of Hydrodynamics，1999（1）：103－110．

［105］ Mack R，Drtina P，Lang E. Numerical prediction of erosion on guide vanes and in labyrinth seals in hydraulic turbines［J］．Wear，1999，233（99）：685－691．

［106］ 吴伟章，吴玉林，任静，等．水轮机转轮内部磨损预测［J］．工程热物理学报，2000（6）：709－712．

［107］ 董盛，姚光，顾四行，等．水轮机抗磨蚀材料模拟对比试验［J］．水电站机电技术，2000（2）：26－30．

［108］ Liu Xiaobing，Wang Jing，Li Qinggang. Analysis of Basset force of particle motion in turbulent flows by spectral method［J］．Journal of Hydrodynamics，2001（4）：88－91．

[109] 刘小兵，陈晓山，李庆刚，等. 含沙河流中混流和轴流式水轮机优化设计及其软件包的开发 [J]. 水动力学研究与进展（A辑），2002 (3)：580 – 585.

[110] Chen Q，L D. Computer simulation of solid – particle erosion of composite materials [J]. Wear，2003，255 (34)：78 – 84.

[111] Bozzini B，Ricotti ME，Boniardi M，et al. Evaluation of erosion － corrosion in multiphase flow via CFD and experimental analysis [J]. Wear，2003，255 (1 – 6)：237 – 245.

[112] 陈晓山，刘小兵. 叶栅含沙水流中沙粒运动的数值模拟 [J]. 水动力学研究与进展（A辑），2003 (4)：499 – 504.

[113] 李晶莹，张经. 中国主要河流的输沙量及其影响因素 [J]. 青岛海洋大学学报：自然科学版，2003 (4)：77 – 85.

[114] 李仁年，苏发章. 水轮机活动导叶的耐磨设计及试验研究 [J]. 水动力学研究与进展（A辑），2003 (4)：446 – 469.

[115] 陈晓山，刘小兵. 含沙水中金属材质的耐磨研究 [J]. 水动力学研究与进展（A辑），2003 (5)：667 – 670.

[116] Oka，Okamura K，Yoshida T. Practical estimation of erosion damage caused by solid particle impact Part 1：Effects of impact parameters on a predictive equation [J]. Wear，2005，259 (1 – 6)：95 – 101.

[117] 冯涛元，刘小兵. 渔子溪水电站水轮机技术改造 [J]. 西华大学学报，2005 (3)：90 – 93.

[118] 黄源芳. 中国河流沙粒对水轮机磨损影响的研究与实践 [J]. 水力发电，2005 (12)：56 – 58.

[119] 袁健，刘小兵. 多相流动试验台管路系统的改造 [J]. 机械制造与自动化，2006，35 (3)：41 –42.

[120] 李国敬，陈和春，王继保. 三峡电厂水轮机磨蚀机理与适时检修浅析 [J]. 水电能源科学，2007 (5)：106 – 109.

[121] Padhy MK，Saini RP. A review on silt erosion in hydro turbines [J]. Renewable & Sustainable Energy Reviews，2008，12 (7)：286 – 293.

[122] 张海库，刘小兵，何婷，等. 含沙河流中混流式水轮机全流道三维性能预测 [J]. 水电能源科学，2009，27 (2)：158 – 160.

[123] 卢浩，周明，王一鑫，等. 水轮机导叶磨蚀模型试验研究 [J]. 中国农村水利水电，2009 (3)：119 – 121.

[124] 李琪飞，李仁年，韩伟，等. 不同固相体积分数下水轮机内部两相流动的数值模拟 [J]. 兰州理工大学学报，2009，35 (4)：43 – 47.

[125] 鲍崇高，高义民，邢建东. 水轮机过流部件材料的冲蚀磨损腐蚀及其交互作用 [J]. 西安交通大学学报，2010，44 (11)：66 – 70.

[126] Padhy MK，Saini RP. Study of silt erosion on performance of a Pelton turbine [J]. Energy，2010，36 (1)：286 – 293.

[127] 顾四行，贾瑞旗，张弋扬，等. 水轮机磨蚀与防治 [J]. 水利水电工程设计，2011，30 (1)：39 –43.

[128] 任岩. 泥沙粒径级配对水轮机材料磨蚀性能的影响 [J]. 水力发电，2011，37 (8)：62 – 63.

[129] 楚清河，任岩. 不同含沙量不同流速下水轮机磨蚀性能研究 [J]. 人民黄河，2011，33 (8)：120 – 121.

[130] 杜敏，刘正勇，陈祖嘉. 多泥沙河流水轮机泥沙磨蚀及防护研究 [J]. 人民长江，2011 (24)：77 – 79.

[131] Thapa BS，Thapa B，Dahlhaug OG. Empirical modelling of sediment erosion in Francis turbines [J]. Energy，2012，41 (1)：62 – 69.

[132] 齐学义，周慧利，高志远. 含沙水流水轮机两列导叶相对位置对活动导叶磨损的影响 [J]. 兰州

理工大学学报，2013，39（1）：37－41.

[133]　曾毅，樊世英. 多泥沙电站水轮机的选型、水力设计和结构优化 [J]. 水电站机电技术，2013，36（2）：1－6.

[134]　杜利霞，赵涛，祁永斐. 夏特水电站排沙漏斗模型优化 [J]. 人民黄河，2013，35（6）：100－102.

[135]　易艳林，陆力. 水轮机泥沙磨损研究进展 [J]. 水利水电技术，2014，45（4）：160－163.

[136]　欧顺冰，刘小兵，曾永忠，等. 水轮机转轮内部泥沙浓度的数值分析 [J]. 水力发电，2014，40（7）：67－70.

[137]　张广，魏显著. 泥沙浓度及粒径对水轮机转轮内部流动影响的数值分析 [J]. 农业工程学报，2014，30（23）：94－100.

[138]　Hua Hong，Zeng Yongzhong，Wang Huiyan，et al. Numerical analysis of solid－phase turbulent flow in Francis turnine runner with splitter blades in sandy water [J]. Advances in Mechanical Engineering，2015，7（3）：1－10.

[139]　李浩平，李峰，卞雪，等. 水轮机磨蚀试验设备的设计参数与总体设计 [J]. 南水北调与水利科技，2015，13（6）：1124－1127.

[140]　Thapa BS，Dahlhaug OG，Thapa B. Sediment erosion in hydro turbines and its effect on the flow around guide vanes of Francis turbine [J]. Renewable & Sustainable Energy Reviews，2015（49）：1100－1113.

[141]　刘睿，刘玉平，郭云杰，等. 黄河沿水文站泥沙侵蚀模数计算探讨 [J]. 现代农业科技，2015（14）：199－200.

[142]　Zhang H M，Zhang L X. Numerical analysis of erosive wear on the guide vanes of a Francis turbine [J]. Applied Mechanics and Materials，2015（741）：531－535.

[143]　陆力，刘娟，易艳林，等. 白鹤滩电站水轮机泥沙磨损评估研究 [J]. 水力发电学报，2016，35（2）：67－74.

[144]　HuiyanWang. Research on the influence of solid volume fractions on turbine performance [J]. International Journal of Heat & Technology，2016，34（4）：630－636.

[145]　胡全友，刘小兵，赵琴. 基于两相流动理论的混流式水轮机叶轮内泥沙磨损的数值模拟 [J]. 水电能源科学，2016，34（7）：183－186.

[146]　Khanal K，Neopane HP，Rai S，et al. A methodology for designing Francis runner blade to find minimum sediment erosion using CFD [J]. Renewable Energy，2016（87）：307－316.

[147]　Chitrakar S，Neopane HP，Dahlhaug OG. Study of the simultaneous effects of secondary flow and sediment erosion in Francis turbines [J]. Renewable energy，2016（97）：881－891.

[148]　Kang MW，Park N，Suh H. Numerical study on sediment erosion of Francis turbine with different operating conditions and sediment inflow rates [J]. Procedia Engineering，2016（157）：457－464.

[149]　Masoodi JH，Harmain GA. A methodology for assessment of erosive wear on a Francis turbine runner [J]. Energy 2017，118（1）：644－657.

[150]　张广，魏显著，宋德强. 导叶端面间隙泥沙磨损数值预测研究 [J]. 大电机技术，2017（3）：64－68.

[151]　景昭伟，何洪鸣，Soksamnang Keo 等. 全球河流输沙量分布格局及其影响因素 [J]. 水土保持学报，2017，31（3）：1－9.

[152]　刘功梅，李志国. 金沙江下游水轮机泥沙磨损情况分析 [J]. 水电与新能源，2017（4）：2－5.

[153]　杨军，卿彪. 基于 CFD 的映秀湾电站水轮机转轮优化分析 [J]. 中国农村水利水电，2017（6）：192－196.

[154]　Thapa BS，Dahlhaug OG，Thapa B. Effects of sediment erosion in guide vanes of Francis turbine [J]. Wear，2017（7）：104－112.

[155]　Liu Xiaobing，Hu Quanyou，Shi Guangtai，et al. Research on transient dynamic characteristics of

three - stage axial - flow multi - phase pumps influenced by gas volume fractions [J]. Advances in Mechanical Engineering, 2017, 9 (12): 1 - 8.

[156] 张磊, 陈小明, 吴燕明, 等. 水轮机过流部件抗磨蚀涂层技术研究进展 [J]. 材料导报, 2017, 31 (17): 75 - 83.

[157] Koirala R, Neopane HP, Shrestha O, et al. Selection of guide vane profile for erosion handling in Francis turbines [J]. Renewable Energy, 2017 (112): 328 - 33.

[158] Aslam Noon A, Kim MH. Erosion wear on Francis turbine components due to sediment flow [J]. Wear, 2017 (378 - 379): 16 - 135.

[159] Hua Hong, Zhang Zhizhong, Liu Xiaobing, et al. Predictive analysis of the damage to axial - flow pump's impeller in sandy water [J]. Mechanika, 2018. 24 (3): 323 - 328.

[160] 韩伟, 陈雨, 刘宜, 等. 水轮机活动导叶端面间隙磨蚀特性数值模拟 [J]. 排灌机械工程学报, 2018, 36 (5): 404 - 412.

[161] 王俊雄, 袁帅, 余志顺, 等. 高水头电站水轮机沙水流动特性的数值研究 [J]. 水电能源科学, 2019 (1): 148 - 151.

[162] 倪亮, 罗勇钢, 刘冠军, 等. 映秀湾水电站发电水体的泥沙特性和含量研究 [J]. 中国农村水利水电, 2019 (3): 175 - 178.

[163] Jiang Qifeng, Heng Yaguang, Liu Xiaobing, et al. A review of design considerations of centrifugal pump capability for handling inlet gas - liquid two - phase flows [J]. Energies, 2019, 12 (6): 1078.

[164] 田文文, 刘小兵, 袁帅, 等. 多泥沙高水头水电站混流式水轮机导叶泥沙磨损数值研究与试验 [J]. 热能动力工程, 2019 (8): 57 - 62.

[165] 张惠忠, 陈一平, 杨建明, 等. 多泥沙高水头电站水轮机选型设计 [J]. 西华大学学报 (自然科学版), 2020, 39 (2): 52 - 56.